JN042079

戦争抵抗の倫理

大戦期アメリカの良心的戦争拒否者たち

師井勇一 Moroi Yuichi

大月書店

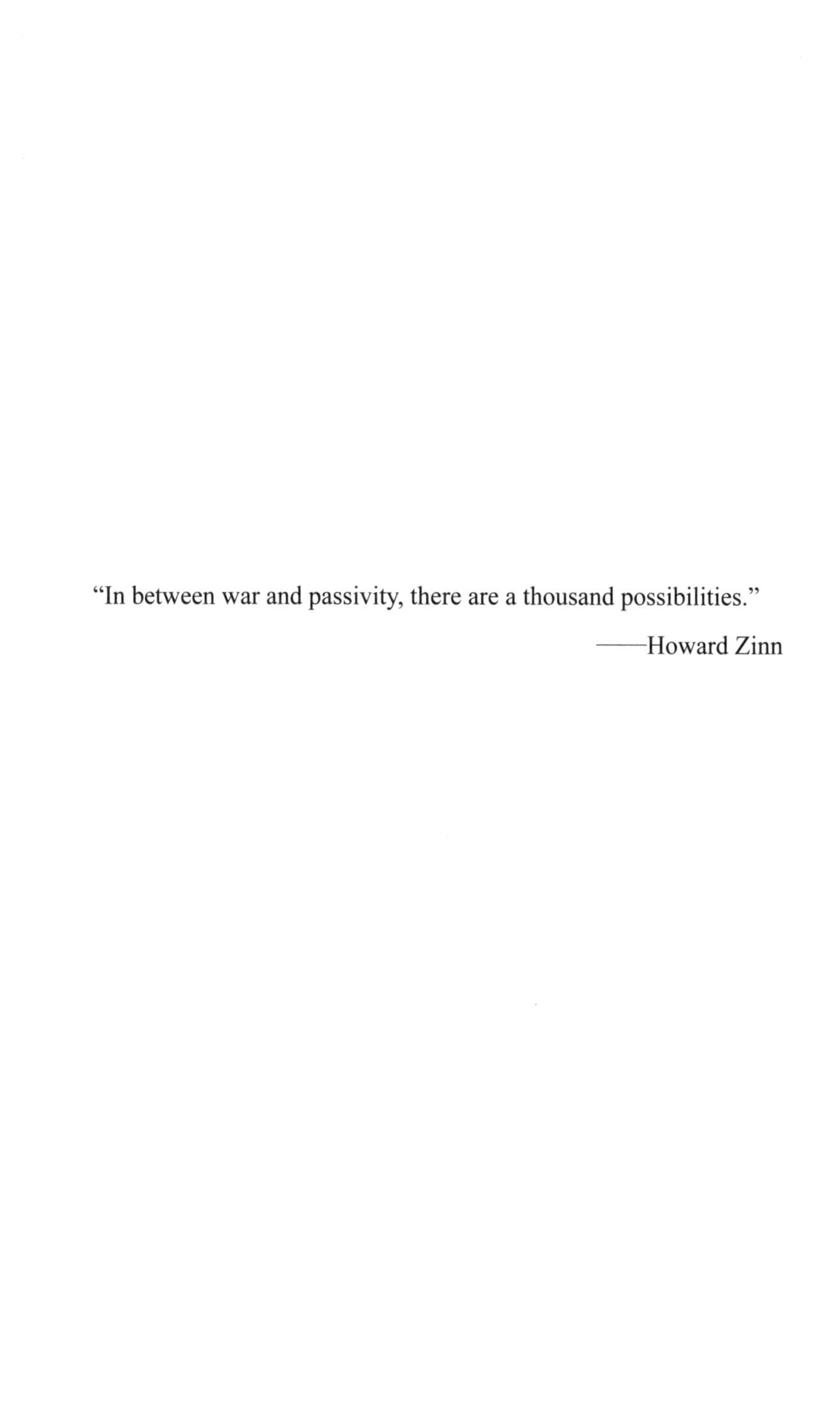

"In between war and passivity, there are a thousand possibilities."

——Howard Zinn

まえがき

戦争は人災である。戦争というものを考えてみたとき、とりわけその渦中にあっては、それは一個人の想いや力ではどうしようもなく、また、ひとたび開始されるや、軍や国の指導者でさえ制御が難しいゆえ、自然災害のように人の手を離れて降りかかってくる災難、すなわち天災のようなものとして認識されやすい。しかし、よく考えてみれば、その「災い」は人・社会・国がつくりだすものだ。それゆえ、責任主体が問われてしかるべきだし、また、人間がつくりだす災いならば、人間の理性と英知によってその災いをなくすこともできるだろう。民主主義社会に生きる個人として、せめて自分は「人災」には参加しない、災いの火を煽らない、という選択も可能なはずである。不可抗力である天災ではなく、まさに人災であるがゆえに、戦争に対する拒否や抵抗が考えられ、戦争の規模の縮小、そして廃絶への可能性が見えてくる。

しかし一方で、戦争が「災い」でない人たちも存在する。たとえば、戦争で使われる武器を開発・製造し売却して利益を上げる人たち。また、戦争状態を利用して自らの政治的権力を拡大しようとする人たち。こうした武器商人や好戦的政治家は、戦争という災いを奇貨として、もしくはそれに便乗して、あるいは「災い」を意図的につくりだして、経済的・政治的利益を上げようとする。とりわけ戦争が国策となったとき、戦争遂行国家・政府およびその取り巻きの利害と一般国民・民衆の利害との差異は顕著になるはずだが、国を挙げての戦争となれば、そうした利害の相違が見えなくなるほどにナショナリズムが煽られ、戦争遂行の「正当性」が国内で流布され、信じ込まされる。自国に爆弾の雨が降ってこないかぎり、あるいは身内がいのちの危険にさらされないかぎり、戦争が災いであるという認識すら深まらない。

人災としての戦争に抗うのは、容易ではない。戦争が国策として遂行される中にあっても、政府と民衆の利害の違いを見抜き、また、戦争そのものが問題解決の手段として適切ではないと考える人も多くいるだろう。しかし、国策であるがゆえに、戦争に連なることは――場合によっては殺人でさえ――「合法」とされ、反戦運動など国策に疑問を呈し歯止めをかける行為は、それぞれの国や社会の民主主義の質（民主主義が政治文化としてどの程度根づいているか）にもよるが、「非合法」として抑え込まれる。キング牧師の有名なことばである「ドイツでヒトラーのしたことはすべて『合法』であったことを忘れてはならない」を引くまでもなく、大日本帝国の近隣諸国に対する侵略戦争（重慶の無差別爆撃や平頂山、南京、コタバル侵攻後の東南アジア各地での住民虐殺、７３１部隊による人体実験、従軍慰安婦制度など）も法的合理性に基づいており、その戦争を批判すること、戦争に反対すること、ましてや抵抗することなどは、「違法行為」として弾圧の対象となっていた。「政府の行為」

による戦争に抗うには、国内の法律を相対化できる思考力が必要となり、また、人災を増長させる法を破る勇気と覚悟――すなわち市民的不服従の実践――が求められることもある。

また、戦争遂行国家は、より多くの国民の同意を取りつけるために、一見誰しもが受け入れられるような理由、戦争をおこなう「正当性」あるいは「大義」を強調する。「祖国を守るために武器をとるのだ」や「正義（あるいは自由、または民主主義）のための戦争だ」など、表面的には反対することが難しい崇高な理念を掲げ、そうした目的には「武力行使」もしくは「戦争」しかない、と煽る。はたして戦争しか打つ手はないのだろうか。軍事的手段によってしか目的を達成できないのだろうか。人災としての戦争に抗うには、ここでいったん立ち止まり、目的と手段の整合性を冷静に考える必要がある。

日本ではここ数年、「国民のいのちとくらしを守るため」と称して、社会の軍事化が進んでいる。「いのちとくらしを守る」その目的に対して、はたして軍備増強や武力行使（そしてその先にある戦争）が手段として妥当なものなのだろうか。相手（敵国）の攻撃を「抑止するため」、として軍事力による威嚇をいくら強めても、攻撃のない状態が抑止力のおかげかどうかは、論理的に証明できない。現実には、地域の軍事的緊張を高めこそすれ、真の安全保障にはなっていないのではないか。兵器の殺傷能力が格段と増し、戦争の犠牲者の圧倒的多数が非戦闘員・民間人である今日、軍事的手段で「いのちとくらしを守る」ことははたして現実的なのだろうか。むしろ「災い」を拡大させるだけなのではないか――。

本書は、戦争を問題解決の手段として認めず、自ら参加することを拒み、戦争に抵抗した人たちの話である。国や社会、時代は異なるものの、国中が戦争熱に浮かされていたときにも、武力行使や戦争を平和への手段として決して認めなかった人たちの思想と行動から、学べることがあるのではないか。とりわけ「国際紛争を解決する手段として」、「国権の発動たる戦争と、武力による威嚇又は武力の行使」を放棄する私たちには、その非戦の思想を実践してきた人たちの生きざまは、示唆に富むことだろう。また、武力行使や戦争を手段として拒否することによってこそ開かれてくる平和への可能性も、見えてくるかもしれない。それぞれの国と地域の市民が国境を越えて連帯し、非暴力でつくりだす平和な国際社会へ――。たしかに、戦争と不作為との間には、千もの可能性が存在している。

目次

序　章　戦争抵抗における道徳的信念と市民責任

日本の事例からは見えてこない戦争抵抗のあり方

1940年秋、日本軍の真珠湾攻撃・コタバル侵攻より1年余り前ではあるが、中国大陸における植民地支配の足がかりとなった満州事変（柳条湖事件）から9年、そして大陸での戦争状態を本格化させた盧溝橋事件から3年経ち、日本国内でも戦時色が強まり、挙国一致体制が社会の様々な方面に押し寄せてきていた。学校や職場などでは、「国民精神総動員」の掛け声のもと宮城遥拝や神社参拝がすでに強制されており、政党政治においては、その内実を無化する大政翼賛会がこの秋より発足した。宗教界にも、その年の春に施行された宗教団体法を通じて挙国一致が求められ、とりわけキリスト教では、国策により忠実に資するべく、多種多様なプロテスタント教会を合同するよう政府からの圧力が高まっていた。

そのような時勢の中の10月17日、全国から2万人のキリスト教徒が青山学院に集い、「皇紀二千六百年奉祝全国基督教信徒大会」を開催し、キリスト教教会・教派の合同を確認した。プロテスタント諸派の統一体としての日本基督教団が実際に設立され、国から認可を受けるのは翌年であるが、軍国主義国家の多大なる圧力のもと、外国教会とのつながりを断った日本独自のキリスト教会のあり方を模索する、その第一歩となる全国大会であった。当日の説教では、「皇紀二千六百年において教派合同を実現しうることは神の聖旨である。大陸伝道の大使命をおもい独自の日本教会を樹立すべき」と語られ、また、大会宣言では、次のようなことばもあった。

今ヤ此ノ世界ノ変局ニ処シ国家ハ体制ヲ新ニシ大東亜新秩序ノ建設ニ邁進シツツアリ　吾等基督信徒モ亦之ニ即応シ教会教派ノ別ヲ棄テ合同一致以テ国民精神指導ノ大業ニ参加シ進ンテ大政ヲ翼賛シ奉リ尽忠報国ノ誠ヲ致サントス(1)

もちろん、当時、この「世界ノ変局」を客観的に知りうる情報は限られ、また、中国大陸における「大東亜新秩序ノ建設」の実相については、情報の偏りや多寡に関わりなく、国策である戦争政策を批判することは容易ではなかった。とはいえ、自国が進める戦争に対してどう向き合うのか、天皇制ファシズムとキリスト教信仰とにどう折り合いをつけるのか、正面から問われることなく、全体主義国家の中で教会としての組織存続を優先させた、それこそ日本独自のキリスト教徒のあり方が浮き彫りとなった10月17日の全国大会であった(2)。

ちょうど同じ日、太平洋の日付変更線を越えたアメリカでは10月16日、その日は徴兵のための登録を、国を挙げておこなう日であった。１９４０年選抜訓練兵役法に基づいた、アメリカ史上初となる非戦時下での徴兵登録で、21歳から35歳までの成年男子およそ１４００万人が全国各地で登録手続きに参加していた。この徴兵登録は、全体的には順調に進み、当局も満足するかたちでおこなわれていたが、ニューヨークの神学校で、ある「事件」が起きる。ユニオン神学校の神学生８名が登録を拒否したのである。

彼らはキリスト教徒であるがゆえに、この選抜訓練兵役法に関しては、政府にいかにも協力できない、と宣言し、キリストの教えを信仰するがゆえに、「戦争と徴兵は必要悪」との認識を拒絶し、よって、もし戦争に関連するものに対する彼らの非協力・不服従の行為と国家とが衝突するのであれば、「国家に従う前に、己が良心に従わなければならない」と決意を表明した。このいわば「良心的徴兵登録拒否」で彼らは懲役１年と１日の実刑判決を受け、刑務所に収監されるが、第二次世界大戦下でのアメリカにおける戦争抵抗の嚆矢となったのが、この１９４０年10月16日の徴兵登録拒否事件であった。

奇しくも時を同じくして、日本とアメリカにおけるキリスト教徒と戦争推進国家との距離の違い、さらには、戦争抵抗の思想と実践のあり方の違いが鮮明になっていた。もちろん、このふたつの「10・17」の事例だけをもって、両者の違いを単純に一般化することはできない。キリスト教徒が社会の主流を形成し、その教会が各地共同体に根ざしていたアメリカにあって、実際には教会が戦争遂行国家を支持することのほうがはるかに多く、異を唱えることは、むしろ例外であった（この徴兵登録にも、教会に奨励された数多くのキリスト教徒が列をなしたことであろう）。一方日本では、社会の片隅に追いやられ、その存在・存続そのものが不安定であったキリスト教にあって、たとえば灯台社による兵役・戦争拒否や上智大学生3名による靖国神社参拝拒否事件など、戦争や軍国主義に対する宗教的信念に基づいた抵抗がなかったわけではなかった。

しかし、全体主義国家日本にあって、そのような抵抗の事例は、個人、あるいは数人での、個別に分断されたごくわずかなものにとどまり、そうした戦争抵抗の意味を理解・共有し、継続していく社会的基盤や組織はことごとくつぶされていた。それに対しアメリカでは、戦争へと進みゆく流れにあっても、表現の自由や良心の自由、そして個人の尊厳に価値を置く政治文化が、制約を受けながらも存在し[3]、そのような価値を擁護し実践する平和市民団体（その多くが第一次世界大戦を機につくられた）が、個別の戦争抵抗につながりや基盤をもたらしていた。かの選抜訓練兵役法の中に、自由や人権の価値をより多く反映させた良心的兵役拒否条項を政府に要請し、盛り込ませたのも、そうした市民団体であったし、また、その政府公認の良心的兵役拒否を超えた戦争抵抗――たとえば徴兵登録拒否――の下支えには、強靭な市民活動があったのである。

このような政治文化の違いを背景に、個人と国家との距離、そして国家が個人の意（良心）に反して戦争協力を命じたときの抵抗のあり方の違いが、浮かび上がってくる。国が戦争のラッパを吹き鳴らし、大多数の国民がそれになびいたそれぞれの国で、ともに社会の圧倒的少数派による戦争抵抗ではあったが、日本の孤立したごくわずかな事例からは見えてこない戦争抵抗のあり方が、アメリカでの抵抗の歴史と伝統に基づいた実践の中に数多く示されている。

たとえば、アジア太平洋戦争中の日本のキリスト者と自由主義者の「抵抗」を描いた『戦時下抵抗の研究』は、そのごくわずかな日本での事例を取りまとめた貴重な研究ではある。[4] しかし、そこで取り上げられている抵抗、すなわち「弱者が示す不服従、非妥協、非迎合の姿勢」は、戦争遂行国家やその施策からは遠く離れた、間接的なものにならざるをえない。また、徴兵や兵役に関するより直接的な戦争抵抗については、個人の実践する「不服従、非妥協、非迎合」の実例があまりにも少なく、かつ、つながりがないために、日本の事例のみを掘り起こそうとしても、そうした「不」や「非」の行為を中心とした「消極的・受動的抵抗」(“passive resistance”)の能動性がなかなか見えてこない。さらに、古くはキリスト教平和主義の戦争抵抗を表す「無抵抗主義」(“non-resistance”)についても、具体例の欠如からか、概念的に消極的抵抗とは分別され、文字通りの「無抵抗」、「抵抗がない」状態、すなわち、「抵抗」の対概念として規定してしまう傾向にあり、その実態の理解が深まることはない。[5]

一方、アメリカの戦争抵抗の事例を通して見えてくるのは、「無抵抗主義」と呼ばれた行為は「抵抗」がない状態を表すのではなく、むしろ、不服従や非妥協、非協力を伴う消極的抵抗に関わるもので、抵抗の一形態と言えることである。たしかに「目には目を、歯には歯を」といった仕返しの(暴力の連鎖による)抵抗はしないが、権力に対する付和雷同や大勢順応といった「抵抗が無」

の状態では全くなかった。それはたとえば、18世紀のクェーカー教徒、ジョン・ウールマンの戦争税支払い拒否とそれに続く財産差し押さえへの覚悟、また、19世紀の南北戦争時に病院勤務や代替金などの兵役免除規定をも拒否して戦争抵抗を貫いたクェーカー教徒の姿勢——当時の国務長官に面と向かって「私の務めを決めるのは誰の特権であるか、汝のものか、それとも私のものか」と詰め寄った——によく表れている（初期クェーカーなどキリスト教平和主義小宗派の無抵抗主義の様々な実例は第1〜2章を参照）。あるいは、第一次世界大戦時に召集されるも宗教的理由から軍務を一切拒み、かつ軍服を着用することすら拒否しつづけたフッタライト（フッター派）のホファー兄弟の命を懸けた無抵抗主義の事例に接するとき、「無抵抗主義」と呼ばれた彼らの戦争抵抗のその内実が、如実に立ち現れてくるだろう（ホファー兄弟のこのよく知られた事例は、第6章を参照）。

また、『戦時下抵抗の研究』の日本の事例では、キリスト者と自由主義者の戦争抵抗に関して、それぞれ別個の、隔絶した姿が印象的であるが、アメリカの世界大戦下の事例からは、両者の重なり合い、さらにはキリスト教平和主義と自由主義そして人道主義の様々な具合での融合が、戦争抵抗者一人ひとりに見られることもある。たとえば20世紀初頭、日本から留学してくる賀川豊彦と入れ替わるようにしてプリンストン大学を卒業し、家業でもあるプロテスタントの宣教師を志したエバン・トーマスは、(6) 第一次世界大戦下で、市民的自由の重要性に鑑みて良心的兵役拒否者となることを宣言している（キリスト教以外の要素を戦争抵抗の動機とした、彼を含む事例については、第8章、第11〜12章を参照）。また、徴兵登録を拒否したユニオン神学校の8人の神学生の一人であるデイビッド・

デリンジャーの、刑務所内での人種差別撤廃運動などに、人道主義や自由主義との融合が見てとれるだろう（この徴兵登録拒否事件の詳細および意義については、第10章を参照）。

日本の事例では存在しえなかったこうした戦争抵抗のあり方が示唆するのは、無抵抗主義から消極的・受動的抵抗、そしてその能動性をより認識し実践した非暴力直接行動への、時代をまたいだ一連のつながりであり、また、戦争抵抗の脱宗教化の流れ——それは、教会や教派（小宗派）に属さない一般市民による戦争抵抗の裾野の拡大——である。そこには、日本社会だけを対象にしたのでは見えてこない、国家と個人の関係性の広がりがあり、そこから、戦争遂行国家に対する個人の良心をもとにした戦争抵抗の様々な行為の可能性が開かれてくる。

ひとたび国を挙げての戦争となれば、社会の大多数が自国の「勝利」を願い、戦争政策を支持し、国に協力することは、洋の東西を問わずに見られるのかもしれない。しかし、そうした大きな流れにあって、戦時といえども個人が国家や社会の圧倒的な力に飲み込まれるのではなく、個人の良心、倫理基準に照らして行動する、その力はいったいどこから来ているのだろうか。また、「非協力」や「不服従」といった消極的抵抗から生まれる「能動性」とは、具体的にどのようなものなのだろうか。さらに、その戦争抵抗における能動性とは、民主主義社会においてどのような意味をもつのであろうか。アメリカでの戦争抵抗の歴史や伝統をふまえつつ、世界大戦中の具体的事例からそうした問いを解く鍵が見つけられるだろう。

まず、問題を掘り下げていくにあたり、戦争抵抗を示すことばの意味や本書での問題の核心、そしてその問題を理解するための分析枠組みを確認していこう。

ことばの意味と問題の核心、戦争抵抗のふたつの倫理

戦争に対する良心的な拒否は、それが表に出るものであれ、心に秘めたものであれ、戦や争いとともに人間の歴史を通じて存在してきたに違いない。その長い歴史にもかかわらず、ことばとして「良心的戦争拒否」("conscientious objection to war")が認知され、定着するのは、20世紀の世界大戦以降である。[7]

もちろんアメリカで、このことばが広く認識されるよりずっと以前から、良心をもとに兵役や戦争への協力を拒んだ例は、ごく少数で私的なものではあったにせよ、たしかに存在していた。主に平和主義を堅持するキリスト教小宗派に属していた戦争拒否者たちは、19世紀半ばの南北戦争では、「無抵抗者」や「非戦闘員」、「武器をとらない良心者」などと呼ばれていた。[8]しかしながら、国民国家の出現とともに、また、それに続く戦争の拡大と広く例外なく強制されるようになった徴兵制によって、「良心的兵役・戦争拒否」の実態もまた、そのことばとともに社会に知れわたることとなった。キリスト教平和主義の小宗派の枠を超えて、市民一般の間からも良心的兵役・戦争拒否者が輩出され、認知されはじめたのも、20世紀初頭の世界大戦からであった。

ここで注目したいのは、国民国家の興隆、戦争とそれに伴う徴兵制の拡大と組織化、そして「良

心的兵役・戦争拒否者」ということばの社会的認知のつながりである。すなわち、国家が徴兵を通じて軍隊を組織すればするほど、それに対する「抵抗者」もより顕在化してくる。ここで、良心的兵役・戦争拒否の根源的な問題がより明確に浮かび上がってくるのではないだろうか――すなわち、国の命ずる軍役への応召義務と、個人の良心の権利との対立と衝突である。

したがって、本来のことばの意味において、良心的兵役・戦争拒否は、国が戦争や軍事力行使を準備し遂行する際に、国家と常に衝突する。国家というものが、ある特定の領域で「物理的強制力の正当なる使用を独占する」[9]ことができるのであれば、良心的兵役・戦争拒否は、国家の正当性と権威にとって重大な挑戦となる。狭義においては、単に警察力や刑の執行力とも捉えることのできる「物理的強制力」ではあるが、このマックス・ウェーバーの古典的な国家の定義における「暴力」の位置づけは、軍隊・軍事力をも想定したもので、国家の本質的な性格の一つとして論じられてきた。また、国家が「人が人を支配する関係であり、その関係が正当なる（すなわち、正当とみなされている）暴力によって支えられている」[10]とするならば、歴史を通して、国家形成における物理的強制力、あるいは「正当的な」暴力の担い手としての軍隊の存在は無視できない。しかしながら、こうしたウェーバーの国家観――国家と暴力の本質的とさえ思われる関係性――を自明視することなく、良心的兵役・戦争拒否者たちは、少なくとも理論上、国家に対して次の疑問を突きつける。まず、国家の支配の手段として、暴力の使用が正当でありうるのかどうか。そして、そのような暴力の使用に参加することを拒むことによって、個人をその目的に動員しようとする国家の権威それ自体について挑戦することにもなる。

たしかに拒否者たちの国家への挑戦は、１９６０年代のベトナム戦争に至るまでは、国の戦争戦略や政策を変えることはおろか、影響すら及ぼしてはこられなかった。しかしその一方で、国は、その暴力使用の正当性と徴兵・動員の権威に対する戦争拒否者の挑戦を、全くもって無視することはできなかった。徴兵制度の歴史を通じ、国は、たとえば良心的兵役拒否者に例外措置を与えたり、そうした措置の適用を拡大したりして、抵抗者の挑戦に応じてきたのである。[11]

その結果として、「良心的兵役・戦争拒否」ということばは、曖昧で複雑になってきた。それは、個人の良心の権利に関する国家の様々な対応に伴い、良心的兵役拒否者のすべてが、国家との対立関係において、暴力を行使する国家の権威に立ち上がったわけではなかったからだ。「良心的兵役拒否者」ということばは、一見、明瞭ではある。文字通り、良心を理由に兵役を拒否する者、である。また、戦時といえども、武器を携行したり、他の人間を殺したりするのを拒む者、と言うことができるかもしれない。しかしながら、これでは、様々な種類の良心的兵役拒否者が含意され、なかには、徴兵制度や戦争、そして殺戮行為にさえ――それが自分ではなく他者によってなされるならば――反対しない者も含むことが可能となる。さらに、「良心的兵役拒否者」ということばは、武器を携行し他者を殺めることを良心に基づき拒否する実直な者を、その範疇から排除することさえありうる。それは、政府によって良心的兵役拒否者と認められた者だけに、そのことばを使うときである。戦争参加への拒絶がどれほど良心的であろうとも、公認された地位が与えられなければ、単なる兵役法違反者となり、重罪犯人として扱われることになるからだ[12]。

また、日本ではその事例が少ないからか、良心的兵役拒否者と良心的兵役忌避者の区別が曖昧で、互換的にさえ使われることもある。もちろん、脱走兵や「徴兵忌避者」と呼ばれる者の中にも、良心的な理由から武器をとらなかった者がいたであろう。たしかに、逃げる行為も戦争抵抗の一形態と十分になりうる。しかしながら、ともに良心をもとにした戦争抵抗だとしても、「忌避者」("evaders"や"dodgers")と「拒否者」("objectors")には明確な違いが存在する。前者が兵役や戦争から雲隠れするのに対し、後者には、逃げも隠れもしない、行為の公開性がある。

一般に良心的兵役拒否者は、次の3つに分けられる。第一に、軍隊に入るも、戦闘員としての軍務は拒否し、非戦闘員として、たとえば医療部隊などに従事する者。第二に、軍隊での任務、すなわち戦闘員、非戦闘員としての兵役を拒否するかわりに、入隊免除の条件として政府に認可された代替奉仕活動をおこなう者。そして第三に、以上のいわば合法的な良心的兵役拒否者と違い、初めから徴兵への登録を拒否したり、または、ひとたび徴兵されても軍服を着るのを拒んだり、軍の命令に従わなかったり、代替奉仕活動を拒否したりする者である。とりわけ、このような「絶対拒否者」("absolutists")は、犯罪者のように取り扱われ、そのぶん風当たりも強かった。それというのも、他の良心的兵役拒否者と比べて絶対拒否者は、国家の戦争政策に最も鋭く対立し、国家の暴力使用における正当性に最も明確に疑問を呈し、そして国家の暴力行使へ個人を動員する権威に最も根源的に挑戦したからである[13]。

本書では、良心的兵役・戦争拒否者が、そのことばと行為において表した国家への根源的な挑戦に焦点を置く。兵役拒否者の抵抗の源泉となるもの、そして彼らの抵抗が社会全体に対して意味するところを考察していきたい。それゆえ、本書では、ある特定の種類の良心的兵役拒否者に的を絞る。すなわち、絶対拒否者である。絶対拒否者とは、ある時点で、良心的な理由から、国家の戦争に対しいかなるかたちの協力をも拒んだ者、よって、不法とみなされた良心的兵役拒否者たちである。なかには、徴兵前に登録を拒否した者や、入隊のための身体検査を拒んだ者もいた。また、軍隊や代替奉仕活動に入った後で、軍の命令や奉仕活動への協力を拒んだ者もいた。彼らは、その時点で、国の徴兵や徴用が、戦争に反対する自身の良心や道徳的信念に背くものであると悟ったのである。本書の中心的な問題は、国家の軍事に関わる命令と個人の良心との衝突であるがゆえ、戦争に抵抗するということが重要になってくる。よって本書では、「良心的兵役拒否」は、「良心的戦争抵抗」と同義語として使われる。

本書は、国家に対する絶対拒否者の挑戦に焦点を置きつつ、彼らの抵抗の根拠と、その社会への意味するところを、ふたつの概念――信念の倫理と市民責任の倫理――によって分析していく。このふたつの倫理は、ウェーバーの概念を発展・応用したものである[14]。ここでは、行為の結果よりも動機の純粋さを重視した信念の倫理はほぼウェーバーを踏襲しつつも、他方で、正当とみなされた暴力的手段の行使も避けられないとされる政治家の行為の結果責任を問う責任の倫理については、より一般的に市民として、私たちの生きる社会をつくりだしている責任のあり方を問うことのできる「市民責任の倫理」として考えてみたい。

絶対拒否者が起こした挑戦の基盤となるものは、良心の自由の尊重であり、その行使であった。彼らは、戦争遂行とその準備への徴兵・徴用に、国家がこの不可侵・不譲渡の権利――国もまた擁護すると言っているこの権利――を制限し、侵害している実態を見出したのであった。絶対拒否者の信念の倫理は、国家の戦争参加命令から拒否者を引き離し、彼らの行為を導く自身の道徳的指針をつくりだす際に、その基盤となった。彼らの良心的拒否はまた、非暴力への固い信念と独自の道徳的一貫性に根ざしてもいた。そして、ふたつめの概念である市民責任によって、絶対拒否者の戦争抵抗への意図は、浮き彫りにされてくる。信念や心情は、内向的で、自己救済的な面があり、よって、社会から個人を引き離す方向に作用するが、一方で市民責任は、社会への回路を開き、拒否者の行為を個人的な関心ごとを超えたものへと導いていく。もちろん、彼らの市民責任観は、社会一般のそれとは異なるものであった。絶対拒否者の独自性は、信念の倫理と彼らの市民責任の理解の組み合わせにある、と本書では提起したい。彼らの戦争抵抗を理解するには、この両方の倫理が必要となってくるからである。

絶対拒否者によって理解され、行為の基盤となった信念と市民責任の概念は、個人と社会の間のつながりや緊張関係にも光を当てる。この個人と社会の関係は、往々にして、社会の少数派である良心的兵役拒否者一般の場合に誤解が生じるものだが、絶対拒否者の場合にはとりわけ、兵役法違反の重罪犯人として懲役刑に処せられるゆえ、その思想と行動はなかなか理解されてこなかった。

20世紀の様々な戦争を通じて、徴兵制があるにもかかわらず軍務や奉仕活動に就かなかった良心的拒否者は、しばしば「自己中心的」であるとか「自己尊大」、「エゴの塊」などと見られていた。はたして、絶対拒否者の思考と行為は自己中心的で、反社会的であったのだろうか。第一次世界大戦の良心的兵役拒否者の研究の中でノーマン・トーマスは、「徴兵制度よりも良心を優先した彼ら拒否者は、その含意において、ただ単に個人的というのではなく、真に社会的に積極的な貢献をしたのである」と論じている。[15] 本書では、この「含意」するところを、絶対拒否者の言動に見ていきたい。鍵となるふたつの問い――絶対拒否者はどのように自らの信念を表明し、守ってきたのか、そしてどのように自身の市民責任観を養い、それに基づき行動してきたのか――を参照しつつ、絶対拒否者における個人と社会、そして国家とのつながりと緊張関係を検証していく。

本書は、古文書や歴史的資料をもとに書かれてはいるが、世界大戦時における良心的兵役拒否者の一般的な歴史を叙述することを目的とはしていない。アメリカにおける良心的兵役拒否研究は、それほど多くはないが、そこにさらなる歴史的記述を加えるのではなく、良心的兵役拒否の問題の根源にある、これまでそれほど取り上げられてこなかった緊張関係を中心に考察していく。すなわち、戦争参加への国家の命令と個人の良心の衝突、とりわけ抵抗者の主観的観点から見た自身の良心と民主主義社会との関係である。こうした関係性に注目することは、民主主義社会における良心の自由や市民責任のあり方を問うことにもなるだろう。良心的兵役・戦争拒否の問題を単に別時代・別世界の特別な人たち（宗教人や平和主義者など）の行為として見るのではなく、まさに今を、そしてこれからを生きる私たちの問題としても考えられるのではないか。ここでは、絶対拒否者の道徳的信念と市民責任に焦点を当てつつ、信念の倫理と市民責任の倫理という概念に沿って考えてみたい。

本書概観

本書の構成を見ていこう。まず第Ⅰ部では、アメリカにおける良心的兵役拒否の伝統を、共和国建国以前の植民地時代から第一次世界大戦までふり返る。20世紀の戦争までのおよそ260年間、良心的兵役拒否者は、クェーカーやメノナイト、ブレスレン教会といった、「歴史的平和教会」と呼ばれるキリスト教平和主義の小宗派から出てきていた。ここでは、20世紀の兵役拒否者がもっていた信念の倫理と市民責任の倫理の歴史的背景を探りつつ、草創期の良心的兵役拒否者がどのように、そして何を根拠に、地域共同体や州、国による様々な軍務への参加要請に対応していたのか検証する。また、キリスト教平和主義の小宗派の他に、さらにふたつの良心的兵役拒否の伝統――19世紀半ばの非小宗派のキリスト教平和主義運動と、ヘンリー・デイビッド・ソローの市民的不服従の思想――も取り上げる。

第Ⅱ部と第Ⅲ部では、それぞれ、第一次世界大戦と第二次世界大戦における良心的兵役拒否について考察していく。第一次世界大戦で初めて、歴史的平和教会以外の一般国民からも良心的兵役拒否者が現れた。それは国家総力戦のもと、徴兵制度が例外を認めない絶対的なものとなったことにもよるが、良心的兵役拒否者の裾野が広がることによって、彼らの行為が本当に理解されたかは別にして、法的にも社会的にも認知はされていった。第Ⅱ部では、小宗派とそれ以外の良心的兵役拒否者を取り上げ、彼らがどのように信念と市民責任を規定していったのかを考える。第一次世界大戦中には、小宗派に属しているかいないかで、拒否者の道徳的信念の規定の仕方が異なり、その違いが彼らの市民責任の意味内容とその後の行為に影響していった。非小宗派の兵役拒否者は、信念と市民責任の論理が強くつながっていたのに対し、小宗派の拒否者は、ウェーバーのいう心情・信念の論理においてのみ、その思想と行動が理解できるであろう。

第二次世界大戦中にあっては、歴史的平和教会に属する若者といえども、徴兵されればその大多数は戦闘員として入隊していった。第二次世界大戦は、それほどまでにアメリカ中で支持されていた戦争だったのである。第Ⅲ部では、良心的兵役拒否の3つの事例に焦点を当てる。ユニオン神学校の8人の神学生による戦争と徴兵制への抵抗、民間公共奉仕活動からの抗議の脱退、そして徴兵制に参加するのを拒んだその他の絶対拒否者、である。第Ⅱ部と同様に、信念の論理と市民責任の論理を軸にして考察を進めていく。ここでは、徴兵制度の原理に対する非暴力直接行動によって、それぞれの事例に、信念の論理と市民責任の論理の各自独特の相互作用があることが明らかになってくる。徴兵登録拒否、代替民間労働からの離脱、戦争への非協力といったそれぞれの抗議活動において、これらの論理が異なる度合いで表れてくるだろう。

終章では、アメリカにおける良心的兵役拒否の伝統と両世界大戦での事例をふまえ、その絶対拒否者の全体像に迫っていく。彼らが経験した個人と社会の対立および緊張関係には、同時に彼らのもっていた市民責任観による両者のつながりという側面があった。ウェーバーの「小宗派」（「ゼクテ」“Sekte/Sect”あるいは「教派」）という概念は、現世の権威との衝突にもかかわらず、個人の良心が道徳的な行為を通じていかに社会とつながれるのかを示している[16]。ここでの中心的概念である信念と市民責任とが、両世界大戦での良心的兵役拒否の事例の分析に役立つであろう。それは、信念の倫理と市民責任の倫理が、良心的拒否者の自己と市民としての活動を分けて検証する枠組みとなるからである。本書が取り上げる事例から、絶対拒否者の行為の「背後」には、このふたつの倫理の緊密な関係が存在していることが明らかになってくるだろう。

最後に、良心的な理由から戦争体制および戦争に協力してこなかった者たちの思想と行動とが、21世紀に生きる私たちにどのような意味をもつのか考えてみたい。日本の政治文化や社会的規範からは、なかなか見えてこない個人と国家のありようが考えられるかもしれないし、とりわけ人権――良心の自由、表現の自由、そして個の尊厳――が長きにわたる実践を通して獲得されてきた歴史から学べることが多くあるだろう。国と時代は違えど、絶対拒否者の平和への想い、そしてそのあり方は、人間社会に普遍的な問題――特に国家と個人の関係における根源的な問題――を提起している。

第Ⅰ部

アメリカ戦争抵抗の伝統

アメリカにおける良心的兵役拒否の歴史は、17世紀中頃の、地域的な植民地区がその民兵でもって原住民や他の植民地勢力と戦っていた、植民地時代に遡る。それ以降、20世紀初頭の第一次世界大戦に至るまでのおよそ260年間、良心的兵役拒否者は、平和主義小宗派、または歴史的平和教会と呼ばれるキリスト教小宗派から、そのほとんどが出てきていた。クェーカーやメノナイト、ブレスレン教会などである。19世紀初めから中頃になってようやく、そうした小宗派には属さない良心的兵役拒否者が出現し、組織化されたことからも、これらの平和主義小宗派がアメリカにおける良心的兵役拒否の伝統的基盤となっていたことは明らかである。

第I部においては、まず、キリスト教平和主義小宗派の伝統をふり返り、彼らが何を根拠に、そしてどのようにして、社会の要求や国の様々な軍事的要請に応えてきたのかを見ていこう。次に、平和主義小宗派以外の良心的兵役拒否の伝統に目を向ける。すなわち、19世紀中頃の非小宗派によるキリスト教平和運動と、ヘンリー・デイビッド・ソローの市民的不服従である。それぞれの伝統の中で、どのように個の良心が軍務や関連する作業を要求する社会と国家に衝突したのかに注目したい。また、戦争のさなか、良心的兵役拒否者がどのようにして信念の倫理と市民責任の倫理をかたちづくっていったのかも確認しておこう。

第1章　キリスト教平和主義小宗派（1）
——反戦クェーカー教徒の苦難

アメリカ大陸において最も古く記録された良心的兵役拒否の事例は、1658年かそれ以前に、メリーランド植民地で起こった[1]。少なくとも23人のクェーカー教徒が、銃を携行し民兵としての訓練を受けることを拒んだのである。その中で、罰金を科された者もいたが、ほとんどは私有物を没収された。地元保安官や民兵幹部から虐待を受けた者も何人かいた。たとえば、リチャード・キーンは、民兵としての訓練を拒否したことで6ポンド15シリングを取られた。地元保安官は「短剣を引き抜き、そのリチャードの胸元をかすめ、両肩を殴打しながら、『この犬め。貴様の脳を裂き切ることもできるのだぞ』と罵った[2]」。

それ以降、20世紀の第一次世界大戦に至るまでの260年以上にわたり、良心をもとに武器をとることを拒み、戦争に参加することを拒否した多くの者は、その道徳的信念と行為のために闘い、苦しんできた。それぞれの時代における戦争の性格や目的は異なれど、17世紀から19世紀までのキリスト教平和主義小宗派に籍を置く戦争抵抗者たちは、共通の根本方針を堅持していた。それは、無抵抗の原則である。様々な軍事命令や懲罰に遭いながらも、彼らは、そうした苦難を「真実の証」のために彼らが負うべき「試練」であると理解していた。彼らは、自身の道徳的一貫性と純潔性を――時には死に直面しつつも――保とうとしていたのである。

無抵抗という思想は、平和主義小宗派の間でも、様々な解釈と行為をもたらしてきた。それを信奉するすべての者は、自ら武器を手にとり人の命を奪うことを拒否するのであるが（「悪に抵抗するなかれ」）、なかには代替免除金を支払ったり、また場合によっては、ためらいつつも、徴兵された小宗派の人の代わりを雇ったりする小宗派もある。その一方で、そのような行為は、良心と宗教的義務とは相容れないと考える小宗派もあった。また、民兵の罰金や戦争税の支払い、軍事補助的（代替的）な任務は、「カエサルに帰すべきもの」[3]と捉え、ためらうことなくおこなう小宗派もあれば、そのような行為は、戦争と戦争システムを間接的に支え、平和主義の理念を弱めるばかりでなく、宗教の自由、良心の自由、そして市民としての権利を侵すものだと考える小宗派もあった。前者の見解は、とりわけメノナイトやブレスレンの無抵抗主義を反映し、後者のそれは、クェーカーのを表す[4]。メノナイトやブレスレンのような再洗礼派の流れを汲むドイツ由来の平和主義小宗派は、規則に合わせ、民兵任務免除の法に従うことで、彼らの良心的兵役拒否はそれほど困難を伴うものではなかった。彼らは、罰金や兵役免除税を支払い、自分たちの共同体へと引きこもっていったのである[5]。

その反面、クェーカー教徒の無抵抗主義は、当局に様々な問題を突きつけた。彼らの平和主義に関する絶対主義的な立場は、彼ら自身をその行為の結果に直面させ苦しませた。すなわち、私有物の強制差し押さえや入獄、さらには軍への強制入隊などである。しかしながら、クェーカーが様々な対立を正面から引き受け、実践を通して無抵抗主義や平和主義の理念を堅持してきたからこそ、民兵免除金や戦争税の道徳的正当性、代替的労働の性質や社会的役割、良心の自由の実際的な意味、といった問題が可視化されてきたと言えよう。そうした問題は、良心と社会の根本的な関係についての省察を促し、後の世代の良心的兵役拒否者たちに影響を与えてきた。

はじめの2章では主に、クェーカーやその他の小宗派の無抵抗主義について取り上げる。それは、彼らの道徳的信念や行為に良心的兵役拒否の中心的問題——すなわち、個人の良心および理念と、軍隊や戦争に関連する国家や社会の要請との衝突——をより明確に見ることができるからである。これらの小宗派の戦争抵抗者たちがどのようにして、また、何を根拠に、軍隊や戦争に関連する様々な要請に対応してきたのかを見ていくことにしよう。所有物の差し押さえや投獄という状況の中で、戦争税や代替作業についての彼らの見解はどういうものだったのだろうか。戦争を助長しているのか妨害しているのか、時として判断が難しい中で、無抵抗の方法に関する彼らの困惑ぶりも検証する。とりわけ、彼ら小宗派の平和主義者たちがどのようにして良心の自由を議論し、擁護しようとしてきたのかに注目する。こうした問題に関して小宗派平和主義をふり返りつつ、彼らの道徳的信念と行為の源泉をたどり、その信念と責任感の基盤を明らかにしていきたい。初期小宗派の良心的兵役拒否者の特徴のみならず、20世紀の戦争抵抗を考えるうえでも、主要な問題点のいくつかが浮き彫りにされてくるであろう。

初期における徴兵やその免除の問題は、地方や植民地区、州の当局が扱っていた。全国規模（連邦レベル）での徴兵の実施は、19世紀半ばの南北戦争までなかったからである。[6] 植民地時代の一般的な兵役法は、以下のようなものであった。「およそ18歳から50歳までの男性市民はみな、それぞれが武装し、植民地民兵の一員として召集される。兵卒レベルでも将官クラスでも召集は発令され、召集を意図的に拒否したり怠ったりした者は刑罰に処する」[7]。多くの植民地州は、宗教的信仰による兵役拒否を認め、罰金を支払うか代替人を見つけるかの条件つきで、兵役は免除された。[8] もし、武器をとるのも、罰金を支払うのも、代替人を雇うのも、良心が許さないのであれば、罰金支払いのための動産の差し押さえ（それは往々にして、以下に見るように、科せられた罰金を超過するものであった）や、時には投獄が待っていた。

17世紀中頃のアメリカ大陸における最も古く記録された良心的兵役拒否者の事例以降、クェーカー教徒のような絶対的無抵抗者に対する財産差し押さえの例は、数多くあったであろう。その中のひとつで、当事者のジョシュア・エバンスは、フランス・インディアン戦争（あるいは7年戦争、1756〜63年）の間、事態をこう見ていた。

私はこれまで神の掟と戒めによって導かれてきたのだが、戦争に反対する私の証言についてずいぶんと非難された。というのも、人の血を流すような費用に、いくぶんかでも加担するであろうものには、私は自分のお金を払うことはできなかったからである。これは1756年に起こったことである。当時は、フランスとイギリスとの間で血で血を洗うような戦争があったときだ。

（略）私が良心から、自分ではできないことをするために他人を雇うというのは、とても矛盾していると、明確に意識した。このことが、大いに謙虚なる心で、正しきほうへと導いてくれる賢明さを求めることになったのである。そして明らかになったことは、戦争の費用調達のために私の財産に課せられた負担金の支払いを拒むことが、私にとって最善の策であるということだ。私の行為は、大海の中における一滴にすぎないかもしれないが、その大海というのは、私が考えるに、数多くの一滴からなっている(9)。

ここでエバンスは、一個人として「大いに謙虚なる心で」――社会の流れを変える一つの行為主体としてでは決してなく、彼の理想的な平和主義の「大海の中の一滴」として――自身の道徳的一貫性を求め、保とうとしていた。そして、彼は、財産差し押さえに遭う。

かくして、私は非難をくぐり抜けてこなければならなかった。というのも、私の王国はこの世にはないと宣言した神の旗の下に、私は参じたのであるから。それでなければ、神のしもべたちは戦っていただろう。私の財産が軍事の要請に応えるかたちで取り上げられ、私が自主的には供出しなかった物が、その価値よりおそらくずっと低い値段で売られたとき、それで私が立ち上がれなくなるだろうと、哀れんだ者もいた。また、私の頑固さを指摘する者もいれば、カエサルの物はカエサルに帰することを念頭に、私のしたことは、キリストの教義に反すると言う者もいた。しかしながら、謙虚で冷静な心を保つように努めていると、幸いにも、そのような根拠のない議論を見極めることができた。戦争に関すること、あるいは戦争を支持するようなことは、キリストのことばには何もない。法律で決められれば、私は市民政府のためによろこんでお金を支払ってきたが、男性、女性、子どもたちを殺し、街や国を廃墟にするような資金に関しては、良心的な動機から、支払うのがためらわれる。こうした試練のときにあって、私の妻は、「私たちが良き心で苦しむならば、世の中が与えたり奪ったりすることのできない、あの平安を得ることができるでしょう」と言って、信仰をもちつづけるように私をずっと励ましてくれた。

私は、どのようなかたち、性質であれ、戦争とキリスト教の柔和な精神とをつなげて考えることはできない。また、あのむさぼるような気質と、私たちの祝福する救い主の穏やかな子羊のような性質もつながらない。それをつなげるということは、窃盗と殺人は、私たちがしてほしいように他人にもせよと命じた神の黄金律と矛盾しない、と考えなくてはならないのだろうか。

私の平和的原則に関してこのような嵐が続く中、内なる天来の光に寄り添いつづけるよう努めていた。[10]

エバンスは、財産差し押さえや「頑固」であるといった社会的レッテルにもかかわらず、「内なる天来の光に寄り添いつづける」ことを彼の道徳的な責任と考えた。

戦争拒否者の中には、平和主義の信奉と実践のために、身体的攻撃や殺人予告、身体的刑罰、投獄に苦しんだ者もいた。1703年、ニューイングランドのブリストル郡ダートマスのジョン・スミスは、22歳で良心の理由から武器をとることを拒否し、かつ、罰金の支払いも拒んだ。彼は投獄され、その後、海軍に強制徴用された。彼は、次のような事件を回想録に記録した。

船尾甲板を歩きながら大尉は、主甲板にいた水夫長に、あのクェーカー教徒を働かせたか、と聞いた。彼はいいえ、と答えた。大尉のなぜか、との問いに、大尉の命令がなかったからですとの答え。それに対して大尉は、命令する、と言いながら、持っていた杖を彼に投げつけた。そこで、水夫長は、杖を取り上げ、私の帽子が壊れるほどの力で私の頭を叩いた。そして大尉は、私を船具置き場に連れていき、先の割れた鞭を持ってくるように言った。そこで私は、彼らが私に被らせることができるであろうことを甘受することにした。その場にひざまずき、迫害する者のために祈ることを思いついた。というのも、彼らは自分たちのしていることがわからないからだ。そして、もし神の意に沿うならば、私を彼らの手から神のもとへ召されることも頭をよぎった。彼らの邪悪な会話は、私のいのちの重荷になっていたからである。そのときは実際に、私のいのちは大切なものではなかった。必要であれば、真実の証のために投げ出せた。しかし、神の恵みで、彼らはそれ以上、私を殴打することはなかった。

（略）神の御慈悲と恩恵で、私たちは護られ（中略）、神の純粋なる平和と存在が大局において私たちと共にあることがわかった。私たちの苦難と試練が最大のときでも、神はそばにいる。私たちが真実の証言のために苦しむに値すると見なされていることを、神の心地よい存在のもと、私たちは本当によろこぶ[11]。

これは、小宗派平和主義者の道徳的強さの原点を表している。彼らは、自らの平和主義と軍事的要請との衝突から生じた苦難が、主観的に、「真実の証」のための「試練」であると理解し、宗教に基づいた道徳的一貫性を保とうとした。この道徳的一貫性の理想は、彼らの戦争税に対する姿勢の中にも見られる。

戦争のための税金は、18世紀半ばになるまで、歴史的平和教会の間でも問題とはなっていなかった。戦争税を支払うことは、イギリスはもとよりアメリカのクェーカー教徒にさえ、当然視されていた。しかし、1757年、ジョン・ウールマンは、胸底深くに「呵責」が続くのに気づき、日記に以下のように記した。

私はこれまでずっと、戦争税を支払う実直高潔な人もいると信じてきた。しかし、彼らのお手本が、私も戦争税を支払うことの十分な理由になりうるとは考えられなかった。というのも、真実の精神が私に、一個人として、進んで支払うよりも私物差し押さえの罰に遭うことを求めていることを、私は信じていたからである。

私たちの会派が一般的に支払っている税金の自主的な支払いを拒否することは、不快を通り越してはいた。しかし、私の良心に反することをするのは、さらに恐ろしくみえた。この試練が私に降りかかってきたとき、同じような困難のもとでどうすればいいのかわからなかった。そこで、苦悩しつつ、私はすべてのものを捨て去ることができるよう、そして神が私を導くところへどこまでもついていけるよう、神に懇願した。[12]

ウールマンは、良心の呵責に耳を傾け、一人判断し、「真実の精神」をたどるため、神に直接助けを乞うた。ここに信念の倫理は明確に表れている。戦争税の支払いに反対する議論の中で、ウールマンは、過去のクェーカー教徒と現在のそれとを、市民政府への関わり方に関して対比している。

過去においては、たとえ戦争税を納めていたときでさえも、クェーカー教徒は、市民政府とはほとんど、あるいは全く関わりがなかったゆえ、この世の精神――すなわち「戦争が存在する精神」――とは切り離されていた。したがって、「クェーカー教徒の精神と真実の純潔さに合わないものとの結合は、あまり起こりえなかった」[13]。しかし今日では、多くのクェーカー教徒が市民政府で活動するようになった、とウールマンは指摘し、次のように論じている。

私たちの会派にも市民政府の役人をしている者がいるが、それぞれの持ち場で、戦争に関連する仕事を支援するように要請された事例が、いくつかあった。それに従うのか役人を辞めるのか迷っていたようだが、彼らに課せられた負担がその戦争を遂行するための税金の支払いと結びつけて考えられていたら、彼らの問題は戦争税の問題とさほど変わるものではないことに気づき、彼らの心の中の聖霊の穏やかな動揺を鎮めることもできたであろう。このように、徐々にではあるが、私たちは戦闘行為に近づいているので、平和を愛する人たちという名を鮮明にし、その特徴を明らかにしていかなければならない[14]。

間接的にではあるが、ウールマンは、戦争税を支払うことで戦闘へ一歩近づくと考えた。「聖霊の穏やかな動揺」に敏感になり、平和主義の内実を鑑み、彼は、戦争税を拒否し、その結果――すなわち、動産没収――を受け入れる必要があると強く思った。ウールマンがそのように行動するのは、単に個人の道徳的一貫性のためだけではなく、公共生活における小宗派の無抵抗の意味するところも彼の頭にはあった[15]。

しかしながら、戦争税の問題は、クェーカー教徒の個々の会員にとって、明確に答えの出せるものでは決してなかった。とりわけ、近隣の人たちが攻撃されて殺されているようなときに、「保護」のための税金は、多くの教徒に「過ち」などとは見えなかったであろう。ウールマンもこのことは認識していた[16]。最終的に、ウールマンの戦争税に対する見解を支えていたものは、この世の権力や権威から距離を置いた彼の「良心のとがめ」であり、「真実の精神」に従う勇気であった。

そのようなときに税金を拒否することは、不忠実な行動と受け取られ、ここだけでなくイギリスの支配者たちを不快にさせるであろう。しかし、多くのクェーカー教徒の心には、良心のとがめが何物にも動かされないほど強く刺さっているのである。それは、私が経験した中でも最も深刻な良心との対話で、多くの教徒の心は、最も高きものに服していた[17]。

ウールマンの時代からおよそ1世紀後の１８６０年代、ジョシュア・マウルは、戦争反対を唱え、「真実の証」の証人になること、そしてその代償を受けることの決意を表明している。１８６１年12月の日記に彼は明確に書いている。

私の心には、数多くの障害となるような懸案があり、多くの議論は、この戦争税の支払い拒否をしないように仕向けられていた。それも教会の重要事項を任されているようなクェーカー教徒によるもので、私も強く尊敬の念をもち、真実の証を妨げるのではなく、支持するための援助を乞うような教徒からのものであった。（中略）キリストという唯一のたしかな導きを求めていく中ではっきりとわかったことは、他人にはしたいことをさせ、自分自身にとって唯一安全なやり方は、戦争税の支払いを断固拒否し、その結果を甘受することである。[18]

1863年に彼の財産は差し押さえられた。戦争税と特別金として、当局は126ドルを請求した。馬車と荷台は、500ドルの価値があったのだが、166ドルで売られた。その40ドルの差額に関しては、彼は尋ねもしなかったし、所有権を主張しなかった。「私は法律に任せることにしたのです」。マウルの無抵抗主義は、動産差し押さえを被った先の小宗派の平和主義者らのそれを反映して、神に対する強い信仰をもとにしていた。

この差し押さえの件を通して、私は、所有物を台無しにされたことをよろこびでもって受け入れた初期のクェーカー教徒によって語られた気分を、いくぶんかでも味わえたのかと考える。私は、この財産破棄を避けようとするいかなる欲望からも守られていた。そして、その後数日の間、私の心にあったのは、平和な気持ちと、想いと行動における清廉さのさっぱりとした内面的な保証であった。そしてそれは、たまに回想するたびに、よみがえってくるものである。私は、この潔白な証明を保とうとしたすべての過程で、目はしっかりと助けの真の拠りどころに向けられ、正しく導いてほしいという切実な願いとともに、意志は真に服し、神意に任せたときに、すべての試練に耐えられるように力が与えられていることに、敬服の念をもつ。そして、そのような証言に気づかせてくださったお方は、そのお創りになったものの最少の者にもそのみことばを再確認してくださる。「わが恩寵は汝に十分である」と。[19]

このようにして、小宗派の戦争抵抗者たちは、財産差し押さえや強制入隊、戦争税（そして後の動産差し押さえ）にもかかわらず、戦争に関連する務めや活動に直接的にも間接的にも協力を拒み、その法的な結果を受け入れることによって、自分たちの道徳的一貫性を維持しようと試みてきた。彼らの無抵抗の手段としての非協力は、地元の将官がやってきて軍に関連する任務を要求する以下の事例にも、見てとれる。1758年、将官1人と地元青年2人が兵士宿泊命令書を携え自宅を訪れた際、ウールマンはこう対応した。

これは新しく、予想もしていなかったことだったので、即答は控え、しばらくの間、心に耳を傾け、静かに座っていた。戦争準備と宗教の純潔性とは相容れないことは、十分に確信していたので、職業兵士に宿を提供することで雇われることは、私には困難であった。彼らの要求は法的な根拠のあるものだったであろう。しばらくして、私はその将官に言った。もしその人たちが、娯楽でここに来たのならば、私の家に入れないこともないだろうが、今回の場合には、宿を提供することはできないだろう。すると青年の一人が、私の宗教の原則に沿ったかたちででも宿を提供できるのではないか、と迫った。それには、私は返事をしなかった。というのも、その場では、沈黙が私には最善だと思ったからだ。兵士が2人来ると言っていたが、実際に来たのは1人で、2週間ほど留まり、礼儀正しく振舞っていた。あの将官が私のところに支払いに来たとき、私は、権威に対して消極的にも従ってしまい、1人の兵士を私の家に泊めてしまったことで、そのお金は受け取れないと言った。将官が話しかけてきたときには、私は馬上にあり、彼に背を向けると、彼は、ぜひとも支払いたいと言う。それに対し、私は何も言わなかった。しかし、このやりとりを振り返ると、心残りになってきたので、後ほど、将官の家の近くを通った際、彼の家に行き、私が兵士を泊めたことに関する支払いを受け取れない理由を直に語った[20]。

このウールマンの沈黙は、彼なりの無抵抗とは言えないだろうか。彼の沈黙は、「権威への消極的服従」へとつながっていくが、ウールマンの信念の倫理は、その支払いを受け取らせなかったのである。

このように、地元当局による軍関連の任務や代替作業の要請は、小宗派平和主義者たちの無抵抗主義を惑わせ、試練を課すものとなった。そうした任務や作業は、軍隊活動には直接つながらなかったかもしれないが、「良心のとがめ」を呼び起こし、その任務や作業の性質や全体の中での位置づけを省みるきっかけとなった。さらに、次の章で見るように、「公共」の名のもとにおこなわれる戦争関連作業と彼ら小宗派の平和主義の務めとの対立や衝突を通して、この「良心のとがめ」は、市民の権利としての良心の自由に結びつけられてくる。

第2章　キリスト教平和主義小宗派（2）
――「公共」における市民責任と良心の自由

1705年、アンティグア島近海でのフランス軍艦の出現により、地元当局は、民兵強化を始めた。クェーカー教徒の姿勢を知っていた当局は、彼らに対しては民兵組織への加入ではなく、代替作業を要請した。当局のこの要請は、クェーカー教徒たちを困惑させ、彼らを二分させた。「かつての迫害を記憶する古い世代のクェーカー教徒は、この妥協案を受け入れるよう勧めたが、一方で、若い教徒の中には、代替作業は教派の原則とは相容れないと、譲らない者たちがいた[1]」。事態は次のように記録されている。

公的文書が表明していることは、武器を携行したり砦を築いたりする代わりにクェーカー教徒に与えられた作業は、「島の公的な作業、すなわち、見張り所の建設や公道のための開墾、橋の建設、貯水池の掘削などである。（中略）また、民兵訓練所に武器をもたずに出ていくだけでも、私たちをよろこんで受け入れること、敵による危機の際には、私たちが島のいたるところに伝達に出ることが明記されている。こうしたことが私たちに求められており、こうした務めを果たすことにより、武器携行を免除されているのである」。しかし、今や若いクェーカー教徒らは、そのような作業は、実際の軍役と「一体」のものであると言っている。これと似たような良心のとがめは、一世代前にもあった。そのときには、「砦を管理し建設する者のために芋を植えること」をためらう教徒がいたが、その懸案は、「ジョージ・フォックスとロンドンの委員会に諮られた。（中略）彼らの回答は、その作業は罪のないもので、安心して遂行できる」というものだった。[2]

彼らの判断の迷いは、「公共」の定義から来ていると言えるだろう。戦争が近づくにつれて、「公共作業」には、軍事関連の任務も含まれるようになってくる。たしかに、それ自体は戦争に関係しない「芋を植えること」も、今や戦争の準備と参加の文脈に置かれることとなり、クェーカー教徒の中には、作業の性質が異なるものとなったと感じる者もいた。18世紀の戦争税の問題と同じように、クェーカー教派の「公共」作業に対する公式見解は、地方当局に協力的であった。[3] しかし、今や、若い世代のクェーカー教徒は、軍事的目的に直接関わる作業はもとより、戦闘活動の代わりにおこなわれるこうした作業を認めることができなくなっていた。若いクェーカーはこう論じている。

政府からはしばしば、要塞をつくり、その完成後に（その場に住み込んで守る人たちのために）貯水池を掘るように命じられている。それに対し、年配のクェーカー教徒たちは、そのような場所への大砲の持ち込みや塹壕掘り、砦の建設などの戦争関連の作業から政府が免除してくれるのならば、こうした貯水池掘りや橋の建設、道路補修、守衛所の建設などは気兼ねなくできると言う。しかしながら、武器携行などの免除のためにおこなわれるこのような貯水池掘りなどの作業は、戦争関連作業や武器携行などに反対する信仰篤き証とはならず、また、私たちが信仰する聖なる原理の高潔さに及ばず、(せいぜい)合法ではあるが、その根拠が非法で最低なことをしているにすぎない、と私たちは考える。しかし私たちは、この島の一般的な便宜のためになされ、作業にあたる他の人たちも私たちと同等に扱われるのならば、そして私たちが良心をもとにできないことの代替としてでないならば、貯水池を掘ったり、道路を補修したり、橋を建設したりするようなことに、非常な熱意をもって取り組むであろう。[4]

若いクェーカーたちは、「公共作業」の性質を質したばかりでなく、どれほど「公共」であろうとも、武器携行やその他の彼らの良心が許さない直接的な軍務の代わりに求められるかぎり、代替公共作業には承服していなかった。彼らの良心的拒否のゆえ、こうした代替作業は、公共奉仕への「信仰篤き証」となっていないと、彼らは認識した。

このようにして、若い世代のクェーカー教徒は、自分たちと戦争準備する当局の要求を切り離すことによって、主観的な道徳一貫性を保とうとした。しかし、公共作業の性質に注意を喚起し、その道徳的正当性に疑問を投げかける中で、彼らは、無抵抗主義にさらなる段階を導入した。それまでの無抵抗主義は、ほとんどの場合において、個人の道徳的一貫性の問題であり、内面的に神を志向する個人的な非協力であったのだが、今や己の良心に触れつつ公共領域での活動（「合法ではあるが、その根拠が非法で最低なこと」）にも関連するものとなった。いわば、良心を公共の義務や要求に向かわせるような無抵抗主義である。公共作業が戦争や良心的拒否とは無関係であるならば、それに対する協力は、むしろ積極的におこなわれる。しかし、間接的であっても戦争と関連づけられた義務や奉仕作業がひとたび課されるや、良心は抵抗を要求する。今や無抵抗主義の倫理は、公共作業の文脈において、若きクェーカー教徒らをして、一見非軍事的な活動でさえ、彼らの良心への侵害に敏感にさせた。換言すれば、小宗派平和主義者たちの間で、神の前での道徳的純潔性は、依然重要で行為の基礎とはなっていたが、公共での良心の権利ほどには強調されなくなった。良心の自由の主張と護持に関しては、公共圏における無抵抗主義に関するさらに活発な議論が、小宗派戦争拒否者たちの間で展開されていく。

小宗派平和主義者たちの良心の自由のための議論の中には、彼らの無抵抗主義を通して、市民的権利の概念が登場してくる。小宗派の戦争抵抗者たちは、宗教的な響きを保ちつつ、良心の権利を市民の権利の基盤のひとつとして求めはじめた。この良心の権利という新たな拠りどころを基点に、抵抗者たちはこれまでの民兵税や戦争税、代替作業などの問題を異なる角度から見るようになった。そして彼らは、かつてはほとんどの場合において宗教的純潔性を守るために財産差し押さえや投獄などの法的結末を静かに耐えていた宗教殉教者の精神に小宗派平和主義者たちを至らしめていた無抵抗主義を、以前にも増して擁護するようになった。良心の権利を擁護する彼らの議論の中では、宗教的任務遂行の義務の文脈で、市民の権利が論じられはじめた。すなわち、良心の領域は、この世の権威の力の及ばざる、神への個人の務めの領域と捉えられ、小宗派抵抗者たちは、その権利を自然で、内在する、この国のすべての市民に憲法で守られたものと主張しはじめた。

1810年、バージニア州のクェーカー教徒は、「時として起こる、法令と宗教的任務の義務との間の不整合性」に注目を集めようと、民兵への徴用に反対する請願書を州議会に提出した。彼らの議論の中核は、譲渡不可能な良心の権利であった。

この啓蒙された時代と国にあって、また、この議会の前で、譲渡不可能な良心の権利を要請すること、あるいは人と創造主との関係がいかなる人間の権威によっても制限されたり統制されたりできず、されるべきでないとの議論の論拠を示すことの必要はないと認識している。その必要がないというのも、その命題は自明であり、とりわけこの国の市民的、政治的制度が拠って立つ基本原則のひとつであるからである。この原則は、権利章典の中で認められ、その章典の啓蒙的でリベラルな精神で通った1785年の法律によって再確認されている。また、この州も連邦憲法を批准する集まりで、「良心の自由は、合州国のいかなる権威によっても解消したり、切り詰めたり、拘束したり改変したりすることはできない」と高らかに宣言した。したがって、宗教の行使の自由は、単に容認されるにとどまらない。最も尊厳のあるかたちで宣言され、最も明確な方法で確認されているのである。

しかし良心の自由は、単なる思考の自由や内心における宗教的見解の目に見えない動きにとどめておくことはできないと認識している。宗教にはおこなうべき任務があり、またそれは、避けるべき犯罪を明確にする。したがって、宗教の自由な行使は、良心の命令に積極的に従うことで成り立っていなければならず、法の力で強制されるものでも、法が壁となって制限されるものでもない[5]。

市民の権利として良心の自由を求めるに際し、彼らは、単に内省したり省察を深めたりする自由だけではなく、社会において外に向けて行使する自由――「良心の命令に積極的に従うこと」――を考えていた。その良心における「命令」は、宗教的信仰に基づいており、良心は、神に直接的につながるもので、この世の権威・権力の影響が及ぶべきものではなかったのである。クェーカー教徒にとっては、「人間の権威は、心の偉大な探究者である神のように、真実と誤りに関して人の心を試すことはできない。罪の刑罰を免ずることはできないし、心の中にある信念を統制することはできない。したがって、この国においては少なくとも、良心の自由は議会の領域を越えたところに思慮深く位置づけられ、政府のいかなる権力の侵害からも守られているのである」[6]。シェーカー派の人たちもまた、良心の自由は自然で「奪うことのできない権利」だと主張し、良心の領域はこの世の権威によって侵されざるべき神の領域であると強調した。

良心は、人の中にある神の玉座であり、神のみ光、み心、またはご意志が顕れる唯一の媒体である。よって、もし私たちが、直接的にも間接的にも私たち自身の良心の中にある神の光や声と正反対のことを認めるようなことがあれば、いかなる人間の法や権威もその犯罪を酌量したり、その罪を贖(あがな)ったりすることはできない。したがって、私たちは（軍役を）拒否しなければならず、何であれその結末を甘受する。[7]

このように、小宗派戦争抵抗者たちにとって、良心には自治がなくてはならなかった。良心の源泉を神に位置づけ、その領域はこの世の権威を超えたところにあると主張し、その自由を強く要求したのである。

今や小宗派戦争抵抗者たちは、奪うことのできない良心の権利をもとに、その権利の自由な行使を求め、民兵税や戦争税、代替作業に反対する議論を別の角度から展開することができるようになった。シェーカー派の人たちは、以下のように論じている。

〔戦争関連の要請を拒否することで――引用者註、以下同じ〕私たちが受ける罰金や投獄に必然的に伴う犯罪のそしりを私たちが負うことは、不公正であると認識している。（熟考された法が存在しても）税金が、どのような観点からしても、偽装された徴兵税――すなわち、私たちが自然に憲法で守られた権利として有している良心の自由への代償――にほかならないと考える。

合州国憲法は、議会が宗教の創設を後押しする、または宗教の自由な行使を禁ずる法律をつくってはいけないと宣言している。独立宣言と同様にこの州の憲法も、良心の権利は剝奪することはできないと謳っている。というのも、その権利に代わるものはないからである。

したがって、どのような名目であれ、強制的ないかなるものも良心に対しておこなわれるならば、それは、良心の権利を明白に侵していることになる。良心に課された罰金や税金、または投獄は、その権利の切り詰めにほかならない。良心を侵さなければ得られない自由や幸福の追求とは、いったい何なのであろうか。内実のない名前以上のものであれるのか。

そしてもし、私たちが対価として税金を支払うことに同意すれば、それは、良心の自由が自然の権利ではないことを実質的に認めることになる。設定された料金で政府から買うことのできる自由だ。(8)

これと似た論点は、クェーカー教徒のベンジャミン・ベイツによるバージニア州議員宛ての手紙の中でも力強くくり返されている。良心の自由と民兵法とはともに尊重できる、それは民兵免除の代わりに、たとえば学校を支援する税金（軍務と等価となるような税金）を納めれば可能、という議論に接して、ベイツは、良心の自由それ自体が問題の根底にあると考えた。

私が学校支援に反対するだろうか。とんでもない。私は、社会の底辺の階層の人たちに知識と美徳が行き渡るのを見て大喜びするであろう。私はそのために必要な税金はよろこんで払うだろうし、自主的な献金としてでも応援するであろう。しかし、それが偏った税金、すなわち罰金としてならば、私は、市民としての共通の任務を果たさないし、慈善行為もすることはない。それは、政府が負債と考えるものを私が支払うことになるからだ。何の負債に対してだろうか。明らかに、良心の自由を許されていることに対してだ。しかしながら、私は良心の自由を政府から欲してはいない。市民社会の制度に先立つものとして保有しているのだ。良心の自由は、社会契約でもって私に保障されているし、議会に差し出したことなど決してない。したがって、政府は都合によってそれを付与したり剝奪したりする特権などもっていないし、ましてや値段をつけてその自由を売る権利や権威の口実はもち合わせていない。[9]

罰金や税金だけではなく、代替作業もまた、どれほど「公共的」な性質のものであろうとも、自身の良心のために課せられたものであれば、抵抗することができた。後に南北戦争のとき、1864年、連邦政府は、小宗派の宗教的兵役拒否者に対して、病院での任務に就くか、解放奴隷の世話をするか、負傷兵のために使われる300ドルを支払うかという兵役免除の条項を発効させたが、クェーカー教徒は、良心の自由を理由にそのような条項に反対した。[10]

以上、見てきたように、キリスト教小宗派の平和主義の伝統において、己の良心が武器の携行と殺人を許さない戦争抵抗者たちは、状況に対応するために無抵抗を一つの方法として用いた。彼らの無抵抗主義は、自身の道徳的信仰および行為が軍事やそれに関連する任務を要求する国家や社会と衝突し、法的な処罰を受けることになった。数多くの財産差し押さえの事例にいくつかの投獄、また（特に南北戦争時の）強制入隊・軍事徴用などがあった。彼らの無抵抗主義の基調にあったものは、キリスト教平和主義への篤き信仰であり、行為によってのみ証明されうる「真実の証」を体現しようとする強い意志であった。小宗派の戦争抵抗者たちは、武器の携行や民兵不参加による罰金、そして戦争税といったものの拒否について、主観的に道徳的一貫性と宗教的純潔の問題として理解していた。すでに述べたように、彼らの無抵抗主義は、精神的なものへと内面に向かうものであった。その過程で、彼らは神からの支援を求めていたのである。

しかしながら、宗教的任務に基づく平和主義と戦争およびその関連作業との非両立性を身をもって経験してきた小宗派の戦争抵抗者たちは、彼らの無抵抗主義に、市民の権利という観点を導入しはじめた。良心の権利とその自由は、国の基礎となる市民の権利と考えられるようになった。良心とは神の領域であり、この世の権力や権威の及ばぬところと捉えた戦争抵抗者たちは、今やその権利と社会における自由行使を外に向けて要求しはじめた。このように無抵抗主義は、その主張を支える強固な基盤を得たことになる。かつてジョシュア・エバンスは、一般に支持されている戦争への資金投入に関して、自身の懸念を私的にしか表明することができなかった。「法律で決められれば、私は市民政府のためによろこんでお金を支払ってきたが、男性、女性、子どもたちを殺し、街や国を廃墟にするような資金に関しては、良心的な動機から、支払うのがためらわれる」。今やエバンスが良心に感じた「ためらい」は、公的にその表現を得た。すなわち、今はそれを、良心の権利に結びつけ、基礎づけることができるのである。

小宗派平和主義者たちによる良心の自由の要求――良心は神の領域であって、この世の権威・権力によって侵されないこと――は、宗教的任務に根ざした市民の権利という考えとともに、キリスト教平和主義の文脈で実際に行動に移された。しかし、その含意するところは、宗教の領域を越えて、世俗的な社会と政治問題の領域にまで達した。たとえば、南北戦争中の1865年、連邦政府が宗教的兵役拒否者を認めた後でさえ、政府の徴兵令に抵抗したクェーカー教徒のイーサン・フォスターは、徴兵された教徒のために首都ワシントンDCを訪れた。戦争省では、クェーカー教徒の良心的兵役拒否に同情した者もいたが、国務長官であるウィリアム・ゼワードは、「なぜクェーカー教徒は戦わないのだ」と、彼らの兵役拒否を叱責した。フォスターはそのときのやりとりを、以下のように記録している。

しばしの沈黙の後、私はこう言った。「そうですね、この世がすべてであるならば、あなたの忠告をあるいは受け入れるかもしれません」。それに対し彼は応じた。「来世でうまくやっていくには、この世で君たちの務めを果たすことだ」。私は答えた。「それを私たちはやろうとしているのです。ここでひとつあなたにお聞きしたいのですが、あなた自身にお答えいただきたい。私の務めを決めるのは誰の特権でしょうか、あなたのですか、それとも私のですか」。その問いには彼は答えず、怒りをあらわにし声を大にして「それなら、なぜ代替金を払わないのだ」と聞いてきた[11]。

フォスターは、良心の権利をこの世の権力と権威の上に堅持し、自身の務めが政府によって規定されるのを許さなかった。政府によってではなく、自ら務めを規定し、彼自身の務めを果たしていくことが、彼の道徳的責任だと認識していた。ここではキリスト教平和主義に基礎を置く道徳的責任と務めであるが、以下に見るように、後には、正義や人道主義、非暴力といった世俗的な考えにその基礎が置かれるようになる。市民活動圏における良心の自由の明確な表現は、ソローの市民的不服従の考えに見られる。そして、歴史的平和教会以外にも、国家による徴兵や軍関連作業への徴用の命令に直面し、良心そして道徳的責任の問題として伝統的な流れを形成したものがある――19世紀における非小宗派の平和運動である。

第3章　19世紀の平和運動の中での良心的戦争拒否の思潮

私は、公然たるクェーカー教徒ではないが、無抵抗主義を心から、完全に、実践的に擁護する。私はまた、すべての軍事的示威と行使に良心から反対する。私は、武器をとれといういかなる命令にも決して従うことなく、その命令に従うくらいならば、迫害と入獄の苦しみをよろこんで受け入れることを、いま厳かに宣言する。

民兵召集の目的とは何であろうか。それは人間を熟練殺人者にすることだ。こうした殺伐残忍な学校の生徒になることに、私は同意することはできない。

——1829年、民兵拒否者としてのウィリアム・ロイド・ギャリソン

19世紀の前半には、伝統的な平和主義小宗派の外で、多くの平和団体が組織されていった。1815年、ニューヨーク平和協会（the New York Peace Society）とマサチューセッツ平和協会（the Massachusetts Peace Society）が創立された。1828年に、このふたつの平和協会に他の小さな団体が

合流し、アメリカ平和協会（the American Peace Society）が設立される。10年後の1838年には、アメリカ平和協会の何人かの会員が離脱し、ニューイングランド無抵抗協会（the New England Non-Resistance Society）を始め、そして1847年には、国際的規模をもつ初めての非小宗派平和団体である万国友愛連盟（the League of Universal Brotherhood）が立ち上げられた。このようにして出てきた平和主義団体は、その会員が教会員では必ずしもなかったので、世俗的性格を有してはいたが、宗教性（キリスト教）は中核にあり、いずれの団体でもそれは明確であった[1]。宗教的な考えは、彼らの議論や主張によく表れていて、時として、小宗派の平和主義教会のものより、非小宗派の平和団体の声明の中に、より強く宗教的な調子を帯びたことば（たとえば「真の神」への請願、「偽の神」、「戦争悪魔」の糾弾など）が並んだ。

たしかに、南北戦争前のアメリカにおける非小宗派平和運動のこの強い宗教性を理解するには、当時の宗教および社会改良運動を検証せねばならない。第二次大覚醒と呼ばれる福音主義の復興、それに伴う社会改良運動、たとえば平和運動に加えて、奴隷廃止運動、禁酒運動、教育改良運動、そして労働者と女性の権利獲得運動などである。しかし本書では、どのようにして非小宗派平和団体が良心的戦争拒否を主張したのか、に焦点を絞る。ここでは、とりわけ、ある道徳的信念がいかにしてその平和団体参加者にとって主観的な意味合いをもちうるのか、また、戦争に従事する国家に対して、彼らはいかに自身の責任を考えそして規定していったのか、を考察していく。

非小宗派の平和主義者たちは、軍務からの免除を請願するに際し、事の本質は小宗派平和教会によって規定されたものと同じだとして、宗教の権利を強調し、主張した。1818年にマサチューセッツ平和協会が出版した小冊子には、「クェーカー教徒に敬意を払いつつも、私は、他のキリスト教徒も、彼らと同様に、良心と権利を有していると主張したい。そして他のキリスト教徒の良心と権利も、［マサチューセッツ州］議会やすべての州民に同じように尊重されるべきである」[2]。この著者は、歴史的平和教会の一員ではないが、キリスト教の原理である無抵抗主義を信じることは可能だと論じ、そのような良心的な無抵抗主義は、それ自体に権利があり、州の軍事的活動からは守られるべきである、とする。1838年、ニューイングランド無抵抗協会が出した声明の中で、エドモンド・クインシーは、クェーカー教徒に認められている兵役免除と同等なものを求める議論の中でこう書いている。

クェーカー教徒は、英国において、そしてわが国のほとんどの州において長年、兵役免除を受けている。われわれが免除を請願する根拠も、まさにクェーカー教徒が享受するこの特権の根拠と同じである。あの種のキリスト教徒の独自の教義や慣習の中の何かが、議員の特別な配慮に値すると、想定することはできない。クェーカー教徒は、兵役から、そして彼らが良心から罪のある行為と信じるものを強制されることで自然の権利が侵害されることの憂慮から、免除されている。それゆえ、クェーカー派の免除につながるほどの力強さはないが同じ良心のとがめをもつ他の教派のキリスト教徒への、同じ免除の適用拡大へのいかなる反対をも考えることは難しい[3]。

クインシーは、良心の問題に関しては「自然の権利」を認め、その良心的無抵抗主義は、小宗派平和教会のものであれ、非小宗派平和団体のものであれ、同じように尊重されなければならない、とする。彼はまた、良心の領域を守るために、良心の自由や宗教的権利にも訴えている。

もし、自分が神の命令を破ることになると良心から信じることを人間の法で強制されるのならば、良心の自由は、実に不十分に理解されて守られていることになる。もし、私たちが自分たちの宗教的信仰を日常の生活に適用することを禁じられるならば、私たちの国の法律によって保障されている、神学の私たちの特異な解釈を享受し、妨害なしに表明できる機会が、ほとんどないことになる。もし、広く知られた神の戒律に従うことを許されないのならば、神のみことばを私たちなりに解釈する私たちの自由は、私たちにとってほとんど意味のないものとなる[4]。

クェーカー教徒のように、非小宗派平和主義者たちは、自らの信念の道徳的自主性を主張する中で、とりわけ徴兵や徴用の問題に関して、非世俗的権威が世俗的権威と緊張関係にあることを認める。大雑把にくくれば、神の権威そして「偉大なる法付与者」と、人間の権威または「地上の法付与者」との相違であり、対立であった。クインシーは、非小宗派の良心的兵役拒否者たちが直面した葛藤を次のように書いている。

彼ら〔良心的兵役拒否者〕は、キリスト教徒として道徳的に間違っていると良心から信じることを国の法律によって要求されている。彼らは、神と人のどちらに仕えるのかを選ばなければならないところに置かれている。そして、彼らは、どちらを選ばねばならぬか一瞬たりともためらうことはできないのであるが、人間の法律の適用によってこれほどまでの苦境に置かれなければならないことは、間違いであり難儀であると彼らは感じざるをえない(5)。

しかしながら、国家以外の権威への服従を主張する中で、非小宗派の平和主義者独自の観点として、戦争の罪悪を強調したり、戦争に向かう人間の権威を異教徒の偶像神として疑ったりする姿勢が見られる。クインシーは、こう論じている。

この〔良心的兵役拒否という〕改革の十字架を背負う者を際立たせている偉大な原理とは、個人的なあるいは国家の防衛に際して人のいのちを奪うことは罪だということである。また、言い換えれば、人によって人の命を奪うことは、いかなる状況においても、神に対する罪であるということだ。この信仰を十分に胸に刻み、彼らは、最も有名な戦場が誤った、不自然な殺人の数多くの場であると認識している。犠牲者と殺人者のまさにその数の多さが、その行為の恐怖を減少させるどころか、彼らの頭と心にはより苦痛で忌まわしいものとして刻み込まれる。戦争悪魔の残忍で血塗られた性格を、その崇拝者のまなざしから隠す誤ったごまかしのヴェールは、彼らには引き裂かれ、彼らの眼前には、戦争悪魔が元来の奇形をすべてさらして立っているのである。真の神への忠誠は、彼らをしてこの血なまぐさい偶像神に頭を垂れて仕えることを禁じさせているのである。(6)

もし、この世の権威が、人間の法律をもって良心の領域を侵すのならば、行動して状況を正すのは、彼らの道徳的責任である、と非小宗派の平和主義者たちは論じている。奴隷制撤廃運動で著名なウィリアム・ロイド・ギャリソンは、この世の権威に対する不服従の必要性をほのめかし、直接的な「道徳的・精神的」行為を提案している。

私たちが自分たちの原則に従うならば、私たちが無秩序になったり、謀叛を計画したり、いかなる悪事にも加わることは不可能である。私たちは神のために、人のつくった法令すべてに従い、政府の要求するすべてのものに応じるべきである——私たちが福音の命令に反するものとみなすものを除いては。また、不服従の罰をおとなしく受け入れること以外は、法律の運用に抵抗してはいけない。

しかし私たちは、無抵抗や敵への消極的服従を主義として堅持しつつも、道徳的そして精神的には、神の教えを積極的に発言し、行動に移していくつもりである。あらゆるところで決然と問いかけをおこない、存在するすべての市民的、政治的、法的、教会的制度に私たちの原則を適用していくつもりである。そしてこの世の王国がわれらの神とキリストの王国となりキリストが永遠に統治する、その時の到来を早めていくつもりである。(7)

ここでの不服従、そして任務の感覚は、ジョン・ウールマンの市民的領域での無抵抗主義の伝統に明らかにつながっている。ギャリソンは、無抵抗主義に基づくある種の市民活動に触れており、それはウェーバーの心情の倫理では捉えられないものである(8)。

クインシーは、道徳的責任をよりいっそう明確に意味づけている。「人が道徳的に間違っていると信じることを人間の法律によって強制されたり、その服従を拒否したことで罰せられたりすることは、自然の権利とキリスト教の自由に反することである。このように信じる者は、そのような法律を撤廃するために自分ができるありとあらゆることをなさなければ、自身の務めを放棄したと言わざるをえない(9)」。そのような法律の廃棄はまず、請願と議員への要請から始まる。そしてさらに、自分の良心を侵害する人のつくった法律は、実際の面で抵抗することが道徳的責任であると、彼は考える。それは、後の世代が「市民的不服従」と呼ぶべきものを示唆している。非小宗派キリスト教平和主義の見解は、以下のようにクインシーによってうまくまとめられている。

平和協会委員会は、すべての誠実なる平和の友に対して、軍事的な法律による徴発に従うことを、断固としてしかし穏やかに拒否することを勧める。軍事体制へのいかなる支持も、そうした体制のすべてが立つところの原則と、必ずやもたらされる結末への同意であると信ずる者は、徴発への最小の協力でさえ、真の責任感をもっておこなうことはできないであろう。戦争が罪深き出所である流血、ごまかし、暴力、強奪、他者の権利の軽視のすべての要素、卑劣で野蛮な感情のすべてと、憎悪、敵意、復讐、すべての非宗教、非道徳、そして悪徳は、軍事体制に包み込まれている。そしてその体制は、旧世界の偉大な軍事体制のいずれにもあったような本物らしさをもって、定期的に戦士のまねごとが通りを埋め尽くしている。その野蛮な精神は、頭をもたげていないだけで、そこにある。その精神が喚起されると、それを覚醒させ発展させた神の道徳的、物質的世界に惨状をもたらす。これがその精神であり、こうした結果をもたらすこの戦争体制に反対しない者は、それに賛成していることになる。人は二人の主人に仕えることはできない。人が神と富に仕えることができないのであれば——富の神、最も選ばれざれし霊は落ちた／天国から——、ましてや、一方で血なまぐさく無慈悲で多大な犠牲を要する戦争に対する忠誠のごくわずかな前兆をつくりだす者が、同時に、平和の人、われらの救い主であるキリストの命令に従うことなどできない。平和を真に愛する者は、人を殺す体制を、そのありとあらゆる形態において、呪われた忌々しいものとしてみなすべきである。「触れるなかれ、口にふくむなかれ、扱うなかれ」は、その有毒な興奮と致命的な喜悦からのお守りとなるであろう[10]。

非小宗派平和主義者にとって、選択は明確であった。戦争は、とりわけ「すべての非宗教、非道徳、そして悪徳」の根源として認識されていた。したがって、戦争は「呪われた忌々しいもの」であった。クェーカー教徒に関しては、彼らの無抵抗主義は軍事的な法律への協力を拒むことが必要であった。しかしここでは、軍事体制全体での自分たちの位置を理解しつつも（「この戦争体制に反対しない者は、それに賛成しているのである」）、非小宗派の戦争抵抗者は、そのような不服従は自身の道徳的責任であるとより明確に論じている。しかしながら、実際には、小宗派に見られたように、軍事法への非協力や不服従の度合いにおける混乱があった。たとえば、戦争税や軍の罰金、あるいは兵役免除金などの問題は、非小宗派平和主義者たちをも分断した[11]。

概観すれば、非小宗派キリスト教平和主義者たちは、人間の権威を超越したと彼らが見なす権威、すなわち神の権威に訴えることによって、良心と国家の軍役への命令との葛藤を乗り越えようとしてきた。神の権威に道徳的そして宗教的な自主性を見出し、人間の権威による彼らの良心へのいかなる罪をも認めることを拒んだ。そしてまた、戦争の罪悪性を強調し、軍事関連法への不服従を通して、彼らの道徳的責任観を表明してきた。19世紀半ばの南北戦争までには、非小宗派平和主義は平和団体としては消滅・廃絶していくが、彼らの思想および遺産は、良心的戦争拒否の伝統の一つを形成したのである。

第4章　ヘンリー・デイビッド・ソローの市民的不服従

１８４９年、ヘンリー・デイビッド・ソローが市民的不服従に関するエッセイを出版したとき、彼の関心は、平和主義というよりも奴隷制廃止にあった。[1]「不正義の戦争」としてメキシコ戦争に彼が反対したのも、その戦争に奴隷制度拡張を見ていたからであり、（戦争そのものは１８４６年から１８４８年までの２年弱であったが）ソローが６年間にわたって人頭税支払いを拒否したのは、国家が「上院議事堂の扉で、男子、女子そして子どもたちをまるで畜牛のように売買する」からであった。[2]ソローは平和主義を信奉してはいなかったであろうし、それゆえ、キリスト教平和主義の原則を掲げる伝統的な意味における「良心的戦争・兵役拒否者」に合致するものではないだろう。[3]しかしながら、彼は、倫理的・政治的観点から、戦争を支持することを拒否したのである。後の世代は、これを「選択的」良心的戦争・兵役拒否と呼ぶようになる。

とはいえ、ソローの戦争抵抗それ自体をもってして、良心的戦争・兵役拒否の大きな柱、伝統のひとつとして位置づけることは難しい。その伝統に連なるものとしてソローを取り上げるのは、個人と国家、そして良心と不服従に関する彼の論考ゆえであり、それは、今日に至るまで良心的拒否の問題に多大な影響を残している。その論考では、「良心」そして（不公正の法律、不正義の戦争、そして不正義の政府に対する）「拒否」という考えそのものが主旋律となっていて、個人の道徳的責任に関する彼の議論は、彼の時代ではまだ早かったにせよ、後に社会的正義や平和の問題に関わる人たちに影響を及ぼすことになる。それは、両世界大戦時の絶対的良心的拒否者たちの道徳的羅針盤となり、１９６０年代から１９７０年代初めにかけては、ベトナム戦争への良心的拒否の、強固でより多くの人を巻き込んだ思想的な基盤となった。ここでは、良心的拒否に関するソローの議論を論理だてて検証していきたい。ソローは良心、信念、そして道徳的自主性に関してどのように論じているのだろうか。また、個人の道徳的責任をいかに規定しているのだろうか。

ソローは政府を便宜的な機械とみなしている。それは「民衆が意志を実行に移すために選んだ様式」でしかない[4]。小宗派や非小宗派の平和主義者のように、彼もまた、政府の権威が絶対であるとは認めていない。政府は誤ったこともするし、「民衆が政府を使って行動を起こす前に、乱用され、悪用されがちである[5]」。しかし、伝統的な良心的兵役拒否者と異なり、彼は「より高き権威」を神や宗教の領域には見ていない。個人が政府と同等の、あるいはそれ以上の存在だと、ソローは捉えている。政府の権威が「厳密に公正であるためには、統治されている者の承認と同意がなければならない[6]」。理想的な国家では、私が認めるもの以外には、政府は私の人格と財産に対して純粋な権利を有しえない[6]」。理想的な国家では、ソローは個人をさらに高いところに位置づける。「国家が個人をより高き、独立した権力――国家の権力と権威のすべてが由来する権力――として認めるようになり、国家がそれに応じて個人に接しなければ、真に自由で啓蒙された国家というのは決してありえないであろう」[7]。神や宗教にほとんど言及することなく、ソローは、個人が政府の限界を指摘し、その権威を越えていくことができるものと考えた。彼は、世俗的なことばでもって、個人の道徳的自主性を確保し、その道徳的責任に従って行動する回路を見出したのである。こうしたソローの世俗的な論理だてには、良心と正義という概念が中核となる。

ソローによれば、個人は良心をもっていなければならない。良心が個人を「人」にするのである。良心は、道徳的存在としての個人の根本的要素であり、それによってのみ、道徳的自主性や責任が可能となる。彼はこう論じている。

> 市民は、一瞬でも、またほんのわずかにでも、己の良心を立法府議員に預けなければならないのだろうか。それでは、なぜ、人は一人ひとり良心をもっているのだろうか。私たちは、まず人であるべきで、その後に国民であるべきだと、私は思う。この権利と同じほどに、法律に対して尊重の念を醸成するのは、望ましいことではない。その権利の下に私がもちうる唯一の義務は、私が正しいと思ったことをいかなるときにでもなすことである[8]。

このように、ソローは、良心が道徳的自主性に欠くことのできない基盤であると考える。もし法律が良心の領域を侵すならば、個人は道徳的存在としては存在しなくなる。ソローは以下の記述の中で、法律（国家の徴兵命令）と良心との関係を描きだしている。それはおよそ1世紀後の、第二次大戦の戦争犯罪を規定したニュルンベルク原則の中心的議論になるものである。

法律が人間をより公正にすることは決してなかった。それどころか、法に対する尊重によって、人のいい者でさえ、日々、不正義の手先にさせられている。法律への不適切な尊重のもたらす一般的で自然な結果は、下士官に大佐、部隊長、伍長、兵卒、火薬担当兵などの一隊が見事な隊列でもって丘や谷を越えて戦争へと行進していくさまに見られる。彼らは自分の意思に反し、いや、常識と良心に反しつつも進むゆえ、その行進は実に苦しいものとなり、心臓は高鳴る。彼らとて、戦争は忌み嫌う仕事であると確信しているであろう。彼らもみな、平和がいいのである。それでは、彼らは何者なのであろうか。そもそも人間なのだろうか。それとも、不徳な権力者に仕える小さな動く砦と弾薬庫なのだろうか。[9]

法律への盲目的な服従は、個人を道徳的な存在とはしない。そこには、「ほとんどの場合において、いかなる判断や道徳観の自由な行使もない」とソローは警告する。[10] そして道徳的自主性の欠如は、個人を「不正義の手先」にしかねない。

よって、ソローによれば、個人の道徳的責任とは、不正義の手先にならないことである。彼は言う。「もちろん、いかなる誤りをも、その最も大きなものでさえ撲滅することに専心するのは人の務めではないであろう。（中略）しかし、せめてその誤りから自らの手を引くこと、そしてその誤りが再考の余地のないものであるならば、実際的に支援しないことは、人の務めである」[11]。社会的不正義は、不正義の法律も含め、様々な形で、多くの場に存在するであろう。しかし、その不正義が人をその手先となるよう強要するときには、たとえ法律を破ることになっても、己の良心に基づいて行動することが個人の道徳的責任である、とソローは強調する。

もし、不正義が政府機構の必要な摩擦によって生じるのなら、そのままにしておけ、そのままにしておけ。おそらく不正義からは角がとれるだろうし、機構はたしかに摩耗するだろう。もし不正義がバネ、あるいは滑車、またはロープ、クランクをそれ自体に内蔵しているのならば、その改良が、もたらされる悪より大きくならないかどうか、あるいは考えてもいいかもしれない。しかしながら、それが他者に対して不正義の手先となるように君に要求する性質のものであれば、私は言おう。その法律を破れ。君の人生をその機構を止める対抗摩擦とならしめよ。私がしなければならないことは、私が非難する誤りに対して、せめて私自身は協力しない、ということである[12]。

人が己の良心に従って行動するその仕方は様々であろう。不正義の法律に対して「実際的に支援しないこと」や誤りに協力しないことには、異なる戦略や行動が求められる。ソローは、「国家への忠誠を拒否し、効果的に国家から離れ、距離をとる」ために、人頭税の支払いを差し控えることにした[13]。同様に、約1世紀前、クェーカーのジョン・ウールマンも、良心を根拠に戦争税の支払いを拒否した。彼もまた、ソローと同じように個人の道徳的責任を論じていた。ここで、両者の簡単な比較は、それぞれがもっていた独自の考えを浮かび上がらせるだろう。

ウールマンの戦争税支払い拒否に関して、治安判事はこう論じた。「市民政府は、自由な人たちの合意からなり、その合意のもとで自由人は、ある種の法律を基準として遵守することを義務づけられている。その場合、法に従うのを拒むことは、私たちが誓約しておこなうと決めたどのような法律も拒否するような性質を帯びている」。これに対し、ウールマンはこう返した。

> 誓約をするにあたり、すべての関連する状況において、真の美徳を厳格に支持することを妨げないよう注意を払うことが、正直と実直にかなうことであると考えた。しかし私が油断して、ある人、あるいは多くの人たちの命令を何の保留もなしに従うことを約束したのならば、そして、その人、またはその多くの人たちが私に何か巨悪なことを支援するように命ずるならば、そこで私は、そのような約束をしたことの誤りに気づくであろう。そしてその場合、積極的に従うことは、悪を重ね、上塗りすることになるであろう。そのような約束によって、私は不服従のために罰を受けるであろうが、悪を支援するより罪を受けることのほうが、私には非常に

高潔であるように思える[14]。

ソローのように、ウールマンは、「悪を重ね」ないことが彼の道徳的責任であると考えた。そして、道徳的一貫性を保つために、命令に従わず、罰を受けることをいとわなかった。ウールマンの道徳的行為の基盤にあったものは、神への強い信仰に支えられた「真の美徳」への揺るぎない支持であった。一方で、ソローの不服従の基準は、明らかに世俗的である。それは、正義であり、自分が「他者に対して不正義の手先」になることになるかどうかが問題であった。そして、個人によるこの正義・不正義に関する判断は、良心の自由な行使を伴う自らの道徳的自主性によって確保されなければならないものであった。

さらに、「他者に対して不正義の手先」になることを拒むことによって、ソローは、このような良心的不服従は自らの道徳的一貫性を保つだけではなく、良心が反対する制度を変革する契機になると考えた（「君の人生をその機械を止める対抗摩擦とならしめよ」）。ソローは、一個人の市民的不服従が、彼の言う「平和な革命」――それは後に、個人の良心と行為の力に支えられた非暴力直接行動、もしくは非暴力抵抗とも呼ばれるもの――に発展していくことを想念していた。ソローは論ずる。

君のすべてを使って投票せよ。単に一片の紙だけではなく、君のすべての影響を使ってだ。少数派は、多数派に同調すれば、影響力がなくなる。そうしたら、少数派ですらなくなる。しかし、少数派がそのすべての重みをかけて妨げれば、抑えられないものとなるだろう。もし、すべての義人を刑務所にとどめておくのか、もしくは戦争と奴隷制をあきらめるのかの選択に国家が直面するならば、その選択に躊躇することはないであろう。もし、千人が今年税金を支払わなければ、それは、税金を支払って国に暴力に専念させて無辜の血を流させるのとは異なり、暴力的で流血を伴う施策ではないだろう。こんなことが可能であれば、これが実際、平和な革命の定義である。（中略）国民が忠誠を拒み、官僚がその職を辞めるとき、その革命は達成される[15]。

これまで見てきたように、ソローは、良心を道徳的自主性の中心に位置づけ、道徳的存在としての個人には必要不可欠なものと考えた。そして、もし政府が個人に不正義の制度を強要しようとするのであれば、その制度の一部になることを拒否することが、個人の道徳的責任である、とする。その責任は、自らの道徳的一貫性のためだけではなく、そのような良心的不服従は制度に影響を及ぼすことができ、その変革につながるかもしれない、とソローは主張した。良心が道徳的存在としての個人の中核であり、正義が道徳的行為の基準であるというソローの脱宗教的な考えは、後の何世代にもわたる良心的兵役・戦争拒否者たちに――とりわけ、20世紀を通じて絶対的拒否者たちに――長く影響を与えてきている。

第Ⅰ部　小括――「良心のとがめ」から良心の自由へ

第Ⅰ部では、アメリカにおける良心的兵役・戦争拒否の伝統を、まずは植民地戦争から南北戦争に至るまでの小宗派平和教会に見てきた。次に、19世紀半ばの非小宗派キリスト教平和運動を取り上げ、最後にソローの思想の中における個人、国家、良心、そして不服従という概念を考察してきた。

それぞれの伝統の中に、信念の倫理と市民責任の倫理という鍵概念が、異なる度合いで見られた。クェーカー教徒、とりわけ初期の頃の教徒は、財産差し押さえや強制徴兵、罰金や税金などの刑罰にもかかわらず、自身の信念の倫理を堅持した。彼らの無抵抗主義は、私的な苦悩に表れていたが、明らかに信念の倫理をつくりだしていた。

しかしながら、その無抵抗主義の性質は、代替作業の問題にぶつかることで変容していった。なかには、市民的領域の観点から自分たちの無抵抗主義を捉える者も出てきたのである。彼らは、もし作業が強制されるものでなく、また軍や民兵の仕事の代替としておこなわれるものでなければ、よろこんで市民的領域に貢献していたように見える。さらに、良心の権利は、彼らによる良心の自由の強調のおかげで、今や市民的領域における文脈で論じられることが多い。このように、市民的領域を志向しそれに関わっていく無抵抗主義は、市民的理念に対する責任感と彼らの信念の倫理との合体した概念として理解できるかもしれない。この信念の倫理と市民責任の倫理の結合は、クインシーやギャリソンなどの非小宗派キリスト教平和主義者にも見られ、ソローの非宗教的な道徳的個人主義にも顕著であった[1]。

第Ⅱ部、第Ⅲ部では、ここで取り上げた多くの問題が、第一次、第二次世界大戦の戦争拒否者の間でくり返されるであろう。たとえば、代替作業に反対する議論や良心の権利を擁護する議論が、くり返し表面化してくる。その過程で、信念の倫理と市民責任の倫理に関連し、両者のつながりや重なり合いが顕著になってくる。

第II部

第一次世界大戦下の良心的戦争拒否者たち

（1917～18年）

20世紀における最初の世界規模での戦争は、近代的で総体的な様相を呈した。戦争経済への動員、国民同意の形成に政治的異端者の弾圧、そして該当者すべてに例外なくおこなわれるようになった徴兵制度など、国全体を戦争に向けて巻き込んでいった。日々の暮らしにおいても「肉のない月曜日」や「小麦のない水曜日」が、食糧節約のための施策として奨励され、戦時公債の購入（「リバティ債券の日曜日」）が勧められ、時には強制されたりもした。公共情報委員会（The Committee on Public Information）は、「4分男子」（"four-minute men"）を動員させ、公衆を戦争になびかせるために要領よく説得を試み、アメリカ防衛協会とアメリカ保護連盟は、「治安妨害する」反戦演説を取り締まり、「忌避者狩り」をおこなうために創設された。

「すべての戦争を終結させるため」の、そして「民主主義が安泰な世界にするため」の戦争に勝利するように、こうした社会全体に影響を及ぼす営みの中で、多くの平和組織や宗教団体もまた、政府と戦争を支持した[1]。しかしながら、総力戦となったこの戦争で、伝統的ではあるがあまり知られていなかった平和主義者の無抵抗主義の実践が、「良心的兵役（戦争）拒否」として認知されはじめるのである。例外なく普遍的かつ絶対的におこなわれた徴兵制度が、歴史的平和教会以外からの良心的兵役拒否者を掘り起こした、と言っていいだろう。兵役拒否者は今や、非小宗派からの、宗教、非宗教問わず、一般的な人たちからも出てくるようになった。

とはいえ、第一次世界大戦時の良心的兵役拒否者の数は、無視できるほどに小さく、彼らとて、自身の信念と行為で戦争政策を止めることなど夢にも思わなかったであろう。では、彼ら個人の抗議と抵抗の意味とは、何だったのであろうか。戦争拒否者は、戦争と国家を支持する圧倒的な社会の流れの中にあって、自分たちの行為をどう見ていたのであろうか。何が彼らをして公共の場で国家の戦争政策に挑戦すべく立ち上がらせたのであろうか。政府によって規定され広められていた戦時下の国民の義務と責任を鵜呑みにはさせなかった、戦争拒否者の倫理的な信念と責任感はどのように働いたのであろうか。

彼ら抵抗者は、反社会的に見られただろう。というのも、彼らの行為は社会的規範からは逸脱し、独立した道徳的価値判断や彼ら自身の責任感を頑なに守り通したからだ。[2] しかし、まさにその個人的な道徳責任の実践において、戦争拒否者たちが願うところの理想社会に向けて彼らは志向していた。戦争拒否者たちは、倫理的に個人主義的であった。それは、彼らが自身の道徳的責任が何であるべきかを他のものに——国家による法令にも、好意的な説得にも、また、兵舎における軍の上官による肉体的虐待にも、挙国一致への社会的圧力にも——決して規定させなかったからである。しかし、彼らの倫理的個人主義は、個人を社会から切り離し、隔離する行為だと理解することはできない。この個人主義は、社会との関係性の中に位置づけられ、社会における代替的な現実——良心や宗教の自由、市民的自由、そして非暴力——を創造する営みとして理解できるのではないだろうか。第Ⅱ部では、第一次世界大戦下で、拒否者たちが自らの個人的信念と市民的責任感をどのように主張し、守り、行動に移していったのかを検証していく。その過程で、信念の倫理と市民責任の倫理の果たした役割が浮かび上がってくるだろう。

第5章　第一次世界大戦時の徴兵制と良心的兵役拒否

アメリカが第一次大戦に参戦しおよそ1か月が経った1917年5月18日、議会は1917年選抜兵役法を発効させ、21歳から30歳までの男性すべてに兵役のための登録を命じた。国の歴史上第2番目となる連邦政府によるこの徴兵令は、先の南北戦争時のものと同様に、良心的兵役拒否者の免除条項を持ち合わせていたが、大きく異なる点もあった。選抜兵役法は、第4項で伝統的な平和主義の教会員を軍役から免除すると規定している。

（略）この兵役法のいかなる部分も、以下に該当する者に対しては、ここに規定する軍隊のいかなる部門への徴用をも要求あるいは強制するものと解釈することはできない。すなわち、よく認知された宗教的小宗派あるいは組織の一員であり、その組織が現存し、その現存する教義または原理がどのようなかたちの戦争にもその成員に参加を禁じ、そして、そうした宗教組織の教義や原理に従って当人の宗教的信念が戦争および戦争参加に反対するものであること。し

かし、そのように兵役免除された者も、大統領が非戦闘的と認定するいかなる任務からも免除
されることはない。[1]（略）

ここで、「よく認知された宗教的小宗派あるいは組織」の詳細な規定は明らかにされてはいないが、先の1864年2月24日発効の徴兵令のように、兵役免除は、平和主義キリスト教小宗派の成員だけに絞られていた。しかしながら、軍務の代わりに代替人や代替金を認めていた南北戦争時の徴兵令とは対照的に、今や兵役法はそのような代替規定を認めなくなった。徴兵はここで、普遍的かつ絶対的になったのである。そこには、宗教的平和主義者として免除されていようがなかろうが、青年はみな、戦闘員もしくは非戦闘員として国に奉仕しなければならない、という考えがあった。最初の時点では、代替作業は規定されず、また、代替作業や非戦闘的任務を拒む絶対的拒否の立場は決して認められることはなかった。この兵役法のもとでは、それぞれ異なる理由にせよ良心を根拠に戦争への参加を拒んだ者たちは、ひとたび召集されれば、軍の指揮下に置かれることとなった。

兵役免除は伝統的宗教小宗派の拒否者に限定していたことから、国は、20世紀の戦争における良心的兵役・戦争拒否者に十分に対応できていなかった。1918年11月の休戦日に至るまで、またそれ以降も、軍営や牢獄での良心的拒否者の扱いや地位に関して政府は、数多くの指令や大統領令を出すことを余儀なくされた。[2]おそらく最も重要な政府指令は、兵役法が発効してから7か月後に発令された。それは兵役拒否者の範疇を拡大するものであった。1917年12月19日、戦争省長官

であったニュートン・ベイカーは、次のように指示した。「この件に関してはさらなる指示がなされるまで、『戦争に対する個人的な良心のとがめ』が『良心的兵役拒否』を構成するものとみなし、該当する者は、1917年10月10日にわが省から発せられた機密文書にある他の『良心的兵役拒否者』に対する扱いと同等に扱われなければならない[3]」。徴兵登録を開始し、軍営への召集から半年経つか経たないかの段階で、政府は、伝統的宗教小宗派平和主義者以外の良心的兵役拒否者の存在を認めざるをえなかったのである[4]。

さらには、良心的兵役拒否者の多くが、非戦闘的任務は兵役の一部であると認識し、自分たちの良心に鑑みておこなうことはできない、ということが明らかになってきた。兵役法が施行されてから10か月後の1918年3月になってようやく、ウィルソン大統領は大統領令を通して非戦闘員任務（医療部隊、補給部隊、工兵隊）を規定した。しかし、その軍事的な性格は明らかで、たとえば工兵隊の任務には、要塞の建設や防衛障害物の敷設に加え、迷彩服を着た作業が含まれていた[5]。したがって、数多くの良心的兵役拒否者は、「大統領が非戦闘的と認定する」任務には参加することができず、その兵役法に反対しなければならなかった。しかし、その同じ月に、大統領令の発令よりも数日前ではあるが、主に農業従事者の危機的な減少ゆえ、農場賜暇（しか）法が成立した[6]。実際にこの休暇法は、非戦闘的任務に就くことができない良心的兵役拒否者にとって代替的な「民間の」作業を提供することとなった。この法により、戦争省は拒否者を農場作業やフランスにおけるクェーカー救済事業、赤十字、そして特定の産業労働に動員することができたのである。

1918年6月、良心的兵役拒否者たちの誠意を調査するために、調査委員会が設けられた。軍人や民間人の法曹や学者から選ばれた3人からなる委員会は、陸軍キャンプにおいて拒否者一人ひとりと面接をし、法的な地位を決めていった。[7]「誠実である」と評価された者は、賜暇が与えられ、戦闘任務はもとより非戦闘任務からも解放された（第一等級）。次に、戦闘任務のみへの良心的拒否が認められた者には、非戦闘的任務があてがわれた（第二等級）。そして、「不誠実」とみなされた者は、軍法会議にかけられ、牢獄に送られた（第三等級）。また、非戦闘的任務も代替的民間作業も拒否した者もいたが、彼ら絶対拒否者たちは、たとえ調査委員会の誠実度テストで評価されたとしても、軍法会議にかけられることになった。

1917年6月5日の徴兵登録日から第一次大戦終結までに、6万4693人が良心的兵役拒否者の地位を申請した。その中から実際に徴用されたのは、2万873人であった。しかしながら、ひとたび軍のキャンプ（軍営）に収容されると、そのおよそ8割（1万6000人以上）が考えを変え、良心的兵役拒否の立場を棄てて、戦闘員兵士となった。入隊後も良心的兵役拒否を主張した者は、わずかに3989人であった。この数は、当時軍に徴用された280万人以上（281万296人）からすれば、ほんのわずか（その割合は0・14パーセント）でしかなかった。軍営における兵役拒否者から戦闘員への大規模な転向の背景には、良心的兵役拒否に関する公衆の認知と理解のあり方があったのではないかと思われる。彼らの立場に対する認識不足と無理解は、社会的な偏見や圧力をキャンプの内外でもたらしたのであろう。[8] 良心的兵役拒否者とは対照的に、「徴兵忌避者」（いわゆる兵役・徴兵逃れ）はその何倍もの数が記録されている。忌避者の数は、およそ17万1000人から33万7000人までの間とされている[9]。

軍営におけるおよそ4000人の良心的兵役拒否者――この中には、徴兵登録を拒否したり、入隊のための身体検査を拒んだりして公に兵役拒否を主張し、兵役法のもと裁判にかけられた者は含まれないが――そのうち、1300人は非戦闘的任務を受け入れ、1200人には農場賜暇が適用され、99人はフランスでクェーカー派の再建事業に参加し、およそ450人が軍法会議にかけられ、牢獄に入れられた。そして900人ほどは、休戦時にはキャンプにとどめられ、賜暇か非戦闘任務があてがわれるのを待っていた[10]。

徴用された良心的兵役拒否者たちのほとんどは、宗教的な拒否者であった。全体の75パーセントは歴史的平和教会からで、とりわけ、メノナイトが圧倒的多数であった[11]。また、その他の15パーセントは宗教的拒否者ではあったが、平和主義小宗派には属していなかった（以上、宗教的拒否者は全体の9割を占めていたことになる）。残りの1割は、非宗教的、人道主義的、「政治的」拒否者であった[12]。

軍法会議にかけられた450人の兵役拒否者のうち、360人（80パーセント）が何らかの宗教的基盤をもつ拒否者であった。その内訳は、主なもので、メノナイト138人、非小宗派キリスト教80人、国際聖書学生会（「エホバの証人」の前身）27人、ダンカーズ／ブレスレン24人、神の教会（ホーリネス）17人、キリストの教会17人、ペンテコステ派13人、クェーカー派13人、セブンスデー・アドベンチスト11人、モロカン派6人などであった[13]。残りの90人（絶対拒否者の20パーセント）は、非宗教的拒否者であった。

良心的兵役拒否者の中でも、軍営や牢獄において軍の命令に従うのを拒んだ者は、虐待を受け、精神的にも肉体的にもさらなる苦しみを受けた。そうした彼らにあって、国からの軍令と個人の良心との衝突が最も鮮明に見られる。以下では、こうした虐待や苦難にもかかわらず、彼ら絶対拒否者が己の立場を公にし、軍の命令や権威に抵抗した背景には何があったのかを検証し、彼らの抵抗が信念の倫理と市民責任の倫理の中でどのように位置づけられるのかを考察していきたい。そうすることで、個人の良心と国家と社会との関係についての重要な側面が浮き彫りにされるであろう。まずは、良心的兵役拒否者の置かれた当時の社会状況をふり返ってみよう。

第6章　良心的兵役拒否者に対する社会の理解と処遇

アメリカにおける軍隊入隊への拒否の歴史は、建国以前にまで遡ることができるが、20世紀最初の大規模な戦争中、一般大衆・公衆は良心的兵役拒否者についてほとんど理解していなかった。480万人のアメリカ人が従軍したその戦争で、全米各地の軍営に入れられていた4000人ほどの兵役拒否者の声や叫び、または静かな祈りが、外の社会に届かなかったとしても不思議ではない。たしかにある歴史家が言うように、「アメリカ人のほとんどは彼ら〔良心的兵役拒否者〕の存在に気づいていなかった。（中略）彼らは、彼らのなにがしかを知る者のほぼすべてからは、臆病者と見られていた」ようである。[1]

新聞や雑誌は、1917～18年施行の諜報・治安妨害法のもと、兵役拒否者からの手紙を出版することに積極的ではなかった。郵便公社総裁は、多くの社会主義的で反戦的な雑誌の郵便配送権を剝奪し、その中には、主に平和主義的で戦争を批判する記事や詩、漫画を載せていた『大衆』（*The Masses*）も含まれていた。[2] ニューヨーク州郵便局長は、その1917年8月号を郵便配送物から没収した。諜報法が施行されたその日（1917年6月15日）に徴兵反対連盟での反戦活動で逮捕されたエマ・ゴールドマンとアレクサンダー・バークマンをなぞらえた詩、「［彼らは］原初的な力／岩を流れ落ちる水のように／木の葉を吹き抜ける風のように／私たちを包み込むやさしい夜のように」に異を唱えたのである。また郵便局長は、良心的兵役拒否者の「犠牲」をたたえたり、ゴールドマンとバークマンを「アメリカ自由の友人」と賛美する記事に反対した[3]。

実際、多くの社会主義者たちは反戦活動に積極的に関わり、そのために、諜報・治安妨害法によって投獄されていた。最も有名な例は、社会党から大統領候補に何度も選出されたユージン・デブスであろう。彼は1918年6月16日にオハイオ州カントンで開かれた社会党州大会での演説で起訴された。その演説でデブスは、他人を兵役登録拒否のために支援、煽動、助言、勧誘したかどで有罪判決が下された3人の社会主義者の反戦活動をたたえていた。デブス自身も有罪判決を受け、連邦刑務所に10年間入れられることとなった。その裁判のとき、陪審員の前で彼はこう語った。「私は戦争を妨害したかどで罪に問われている。私はそれを認める。紳士諸君、私は戦争を毛嫌いする。私は、たとえ一人であろうとも、戦争に反対するであろう。冷たくぎらぎらと光る鉄の銃剣が、人間の白いぶるぶると震える肉体に突き刺さるのを考えたとき、私は恐怖で身を引いてしまう[4]」。多くの社会主義者や世界産業労働者組合（the Industrial Workers of the World: IWW）の組合員、そして無政府主義者が、この戦争は帝国主義的で資本家の戦いだと非難するとき、一般の目からすれば、社会急進派と平和主義者は同じに見えていたのかもしれない（なお、戦争抵抗における「政治的」動機と

「宗教的」動機の複雑な境界線については、第8章にて取り上げる）。

公衆は、戦争に反対し国の戦争政策に協力しない政治的異端者に対して、不寛容となっていった。戦争に反対する平和主義者の住む家の多くは、ひどく怒った「超愛国的」市民による落書きや損壊などの被害に遭い、それはしばしば地元当局の黙認下におこなわれていた。良心からリバティ債券の購入を拒否した者の中には、タールと羽根を塗りつける私刑の脅かしを受けたのもあった。[5] メディアは、軍営や牢獄にいる良心的兵役拒否者に関しては沈黙する一方で、兵役忌避に関しては大々的なニュースとして取り上げた。新聞に忌避者の名前を載せることは、ある種、公開処罰の趣があった。[6]「怠け者手入れ」は、法務省によっておこなわれ、それには地元警察やアメリカ保護連盟といった自主的愛国団体の成員も参加・支援した。ある手入れでは、ニューヨーク市に入る船の乗員すべてに兵役地位の証明が求められた。[7] そのような社会的雰囲気の中、徴兵忌避者と良心的兵役拒否者の区別がつけられる一般の人たちはほとんどいなかったであろう。

新聞が良心的兵役拒否者のことを報ずることがあったとしても、その記事はしばしば兵役拒否者に対して悪意を抱いたものであった。1919年から1920年にかけての冬、休戦から1年以上経過した時点でも、多くの良心的兵役拒否者が、ユタ州フォート・ダグラスのドイツ兵収容所に隣接した、有刺鉄線を張りめぐらせた兵舎に監禁されていた。ワシントンから心理学者のグループが良心的兵役拒否者への投獄の影響を調査しに来ていたが、地元の『ソルト・レイク・トリビューン』紙は、フォート・ダグラスの中佐のことばを引き、その調査目的を歪めて報じていた。

道理をわきまえた人なら誰でもそうした行為がその人の将来を台無しにすると理解しているにもかかわらず、自分の国への支援を拒否したこれらの者の多くは、精神的に健常ではない、と政府は見つつある。

これら拒否者たちは、何の論理的な理由もなく、自らを投獄刑に処し、生涯にわたる不名誉にさらしている。収容されているドイツ兵がここにいるのは、彼らが自分の国に忠実であるからで、捕虜としての収容は恥辱ではない。しかし、自らアメリカ人を名乗り汚名をそそぐこの臆病な個人は、言い逃れはできない。彼らが釈放される前に自らの正気を証明するのは、彼ら次第である。[8]

したがって、一般の人たちの間では、平和主義者、とりわけ良心的兵役拒否者は、「怠け者」や「卑怯者」、「無神論者」、または「親ドイツ」、であるというイメージが増幅され、異人外人とみなされていた。[9]兵役忌避と良心的兵役拒否が混同されている社会において、「怠け者」（"slackers"）と「臆病者」（"cowards"）ということばは、良心的兵役拒否者に強く結びつけられていた。一般の人たちの多くは、セオドア・ルーズベルトにならい、良心的兵役拒否者を「（よくて）怠け者、もしくは明白な売国奴」であると認識していた。[10]ある連邦議員は、良心的兵役拒否者の兵役免除を非小宗派にまで拡張することに反対し、非小宗派の兵役拒否者のことを「多くの非良心的兵役拒否者であり、親ドイツ派、世界産業労働者組合員、政治的社会主義者、そして臆病な怠け者たち」と呼んでいたことが議事録に残っている[11]。

良心的兵役拒否者が自らの見解や立場を表明し説明する機会を奪われているとき、彼らに対するこうした軽蔑的なイメージが世間一般に広まり、社会的圧力が醸成されていく。こうした社会的圧力が、召集された良心的兵役拒否者の8割が戦闘的任務から免除されていたにもかかわらず、考えを変え、戦闘員として志願するようになった背景にあるのかもしれない[12]。ある絶対拒否者は、2年7か月の召集および投獄の後、1920年のサンクスギビング前日に釈放された。彼が家に帰ると、彼の住む世界が以前とは異なっていることに気がついた。彼は、自分を支えてくれ、彼の安否への気づかいと「地元コミュニティでの軽蔑や憎悪で」非常に苦労した両親のことを心配していた。しかし、クリスマスの午餐の席で彼は、良心的兵役拒否者としての彼に対する誤解は親戚にも広まっていたことを発見する。

祝日が近づくにつれ、母は、親戚の者みなを招待する昔ながらのクリスマスの午餐を計画した。叔父や叔母、いとこが来て、午餐のテーブルにはおよそ20人が座ったものの、その場にはお祝いの気分はなかった。母と姉が数時間かけて準備した豪華な料理を前にしてである。食事後、テーブルを片づけるとすぐ彼らは去っていき、親族の義務は果たした。私が体験してきたことに何の同情もなく、好奇心さえないことに、私は孤独感とともに心が塞がれた。後にわかったことだが、彼らもまた、気まずい思いをしていたのであった。彼らにとって私は、理解するのが困難なよそ者となっていたのだ。このときが、私が覚えるかぎり続いていたチェリー・バリー農場の伝統であった家族の集まりの最後となった[13]。

一般の人たちが良心的兵役拒否者の実態をほとんど理解していなかった一方で、軍営などで彼らの身近にいた人たち、とりわけ軍の将校たちも、やはり拒否者のことを理解していなかった。実際、身近にいることで彼らに対する偏見が少なくなることはなかった。それどころか、軍命に従おうとせず、軍隊の一員になることを拒みつづける良心的兵役拒否者への敵対心が増していった。絶対拒否者によって、軍紀は無視され、軍の権威が直に疑われたのである。そうした手に負えない拒否者に対して、将校たちの態度も悪意のある暴力的なものとなっていった[14]。召集された良心的兵役拒否者の扱いは、当然、個々の軍営や部隊長、将官によって異なってはいた。そして、軍営において兵役拒否者がどの程度命令に従い権威を受け入れていたかで、彼らの召集における経験、軍営や牢獄での生活が異なっていた。たとえば、ニューヨーク州キャンプ・アプトンのフランクリン・ベル少将は、敬意と思いやりで多くの兵役拒否者の心をつかみ、兵役に就かせることに成功した。しかし、ベル少将のような将官は、全米各地の軍営にそれほど存在しなかった。むしろ大多数の武官は、カンサス州キャンプ・ファンストンのレオナルド・ウッド少将の姿勢に近かった。それは、良心的兵役拒否者を「共和国の敵で、いかさま師、敵国の手先」とみなすものであった[15]。そのような状況では、どこの軍営であろうと、協力の度合いに関わらず、良心的兵役拒否者でいることは易しいことではなかった。

実際に、ウッド少将は、「非戦闘作業」を受け入れ従事する「真の良心的兵役拒否者」と、「非戦闘をも含むすべての任務」を拒否する「悪者集団」または「詐欺師たち」との区別を明確にしていた。後者には「よそ者類型のすべて」を凝縮したかたちで見ていた[16]。よって、いかなる軍令にも従うことを拒否した者が、虐待の標的となり、最も苦しんだ。彼ら絶対拒否者は、「軍服を強制的に着せられ、殴打され、銃剣で突かれ刺され、首にロープを巻かれ引きずり回され、恣意的な処刑に脅かされたり」したのである[17]。彼らの多くは、丸裸にされ、長時間冷水のシャワーを浴びせられた[18]。「少なくとも2つの事例で、拒否者たちがトイレの汚水に浸からされ、1人は頭から便器に入れられていた」とノーマン・トーマスは記録している。また、「いくつかの事例で、軍服を着用させるため、あるいは軍令に従わせるために、守衛が親指を兵役拒否者の目に押し入れた。その中には生涯その怪我を負う者もいた」とも書き残されている[19]。手に負えない兵役拒否者に対しては、よく「水治療」が使われた。カンサス州フォート・リレイでの目撃者によれば、その「治療」は、「ロープで首と腕の2か所を縛ってぶら下げ、軍服着用を拒んだその被害者が気を失うまで、それぞれのロープで宙づりにしておき、ひとたび気絶すると、床にあおむけに寝かせ、ホースを使って口から水を無理に流し込み、同時に腹部を殴打する」というものであった[20]。この虐待の形式は、米西戦争時にフィリピンでウッドの部下たちがおこなったとも言われている。たしかに、絶対拒否者は将校たちにとって、理解を超えた、哀れみに値しない「よそ者」だったのである。
そしてもし、良心的兵役拒否者が「よそ者類型」であると判明したならば、拒否の根拠が政治的であろうと宗教的であろうと、彼らの扱いには影響を及ぼさなかった。政治的兵役拒否者であったフィリップ・グロッサーは、軍令に従うことを拒否したかどで30年の懲役刑を宣告されたが、フォート・アンドリューで、首つりにされ、ほとんど死にかけた。

麻の縄が首に巻かれ、私は宙づりにされ揺さぶられた。（中略）青黒いあざができるほどに殴打され、蹴られ、跳びかかられたりもした。（中略）私は、顔に笑みを浮かべつつ、究極の罰を受ける準備をしていた。彼らが力で私を軍の規則に従わせたところで、なんだっていうんだ。（中略）私の意志の力は、銃剣よりも強く、私の理念は、私の頭から打ちぬくことはできないだろう。[21]

モロカン派の一人であるイバン・スソッフは、聖霊の直接の命令のため、兵役に登録し兵士になることを拒んだ。彼もまた、他の絶対拒否者のように虐待を経験した。

［フォート・リレイでの兵士たちは］私の首にロープを巻きつけ、動物のように私を引きずった。それで首の皮がむけてしまった。彼らは私の頭を剃り、両耳を切りつけた。私の首にサーベル

を突きつけた。彼らは私のシャツをボロボロに引き裂き、私に軍服を着せようとした。彼らは、氷のように冷たい風呂に私を投げ入れた。何度殴られたかは、数えていない。氷冷風呂に入れられたときに一度、私は気が遠くなり、風呂から出され、再び虐待を受けた。彼らは私の足から、まるで羽のように毛をむしり取った。私は動かなかった。私はただ、この恐怖に満ちた世界から私を連れ出してください、と神に祈るばかりであった[22]。

こうした虐待や牢獄での悪環境で、少なくとも17人の良心的兵役拒否者が命を落とした[23]。そのうちの2人は、フッタライトのジョセフとマイケル・ホファー兄弟であった。彼らはもう1人の兄弟と友人とともに、サウスダコタ州のフッタライトの農場共同体から強制的に召集された。軍服着用を拒み、軍令に従わなかったので、彼ら4人は軍法会議にかけられ、カリフォルニア州アルカトラス島の牢獄に送られた。彼らはそこで、下着のみにさせられ、洗面所やトイレのない地下牢に入れられていた。そこは海水が床ににじみ出てくるところで、彼らはその上で寝なければならなかった。日々、少量の水だけを与えられ、彼らは頭上高く両腕を挙げて立った状態で手錠をかけられ、その足は床に着くか着かないかの状態にさせられていた。そばの床には軍服が置かれ、彼らが軍服を着用し、命令に従うならば、楽にさせると約束されていた。しかし彼らは譲らなかった。そして軍当局もそれ以上は残忍な扱いを続けられなかった。フッタライトの4人が独房監禁を解かれたときには、彼らの両腕はひどく膨らみ、彼らは壊血病にかかり、虫に食われていた。その後彼らは、カンサス州フォート・レーベンウォースに転送され、そこでもまた、軍服着用と労働を拒み、独房監禁された。2日後、ジョセフ・ホファーは病院に運び込まれ、肺炎で亡くなった。マイケルも数日後に亡くなった。ジョセフの遺体は、彼が死ぬまで抵抗していた軍服に包まれ、地元のフッタライト派の共同体に送り返された[24]。

第7章　小宗派の良心的兵役拒否
——「永遠のいのち」か「永遠の罪責」か

第I部でも見てきたように、キリスト教平和主義小宗派、とりわけ歴史的平和教会が、アメリカにおける良心的兵役拒否者の伝統的な拠点であった。第一次世界大戦においても、数的に兵役拒否者の大半がその出身であったが、20世紀の戦争を通じて、小宗派における平和主義の立場が、特に兵役年齢の若者の間で徐々に揺らいできた。メノナイトの中からも戦争を支持する者が現れ、また多くのブレスレン教会員も20世紀のふたつの世界大戦を支持した、とある歴史家は言う[1]。実際、第一次大戦時、教会の公式教義は戦争への非参加の立場を貫いていたのにもかかわらず、多数のブレスレン教会員は、非戦闘的任務に、さらには戦闘的任務にさえ応じていた[2]。クェーカー派もこの変化の流れに無縁ではなかった。第二次世界大戦下の良心的兵役拒否を研究したシブレイとジェイコブによれば、ふたつの世界大戦までには、

［クェーカー派の要諦である］内なる光は、純粋に個人的な意味において捉えられ、クェーカー派

組織としての公式見解は依然として戦争反対であったものの、陸軍や海軍に入隊したクェーカー教徒も相変わらず善良な教徒とみなされていた。実際、第二次大戦のときには、良心的兵役拒否者になるよりも、陸海軍に入隊したクェーカー教徒のほうが多かったのである。これは(中略)ブレスレン派にも当てはまることである。[3]

伝統的平和主義小宗派が、良心的兵役拒否に関して一致した支持を継続できなくなると、同じ小宗派の中でも兵役について様々な立場や見解が生まれてきた。たとえば、戦闘員ではなくても非戦闘員として国のために働くのが急務であると感じる兵役拒否者もいれば、軍隊の中では働けないが、農場や赤十字にならば暇でよろこんで働く者、また、実際ごく少数ではあったが、戦争に反対する神の命令ゆえ、戦争制度のいかなる部分にも——徴兵登録から軍服の着用、軍キャンプや牢獄での労働まで——参加することを拒んだ者もいた。こうした兵役拒否者の多様な見解は、一方で戦闘に参加し殺すことの拒否と、もう一方で国と社会が規定し準備した国への奉仕とのバランスの中で生じたものである。あるメノナイト系大学の学長は学生にこう語っている。

君たちに何をすべきかを語ることは、私にはできない。それは良心に関することで、君たちの良心が決めなければならないことであり、私がすることではない。(中略)個人的には、この戦争の時局にあたり、すべての市民に国への何らかの務めが課せられていると感じている。良心的兵役拒否者として己が任務を一般的な兵士よりも多くすることは、その兵役拒否者次第であると思う。さらに付け加えれば、ブルフトン大学を卒業したほとんどすべての男子学生は、病院での任務に従事している。彼らへの私のアドバイスは、国のために自らが価値のあることを証明せよ、であった。（中略）もちろん、君たちの良心が許さないのであるならば、彼らと同じことをすべきだ、と言うことはできない。（中略）私は誰にも劣らず戦争を憎む。（中略）メノナイト派がこの国に来たのも戦争を逃れるためであって、戦争を憎み、その微塵たりとも欲しなかったからだ。戦わないということは、私たちの血統でもある。しかし、私たちの国を愛すべきではないというのではない。（中略）よって、危機から私たちを遠ざける務めの選択に関しては、考えるまでもない[4]。

実際に、小宗派・非小宗派を問わず良心的兵役拒否者の大多数は、平和主義と非戦闘的任務か代替作業での国への奉仕とのバランスの中で自らの立ち位置を決めていた。軍の病院勤務であれ農場への賜暇であれ、いわゆる「国への奉仕」が戦争の遂行にあまりにも近接していると信じ、軍の命令によるいかなる任務も拒否した者は、ほんのわずかであった。

平和教会小宗派の良心的兵役拒否者の多く、とりわけ絶対拒否者たちは、彼らの平和主義的伝統に単に「従った」だけだった、と言えるのかもしれない[5]。にもかかわらず、戦争を遂行する国家に対する彼ら独自の妥協を許さない抵抗は、個人と国家、そして良心と社会の関係にある何か根源的なものを浮かび上がらせてこないだろうか。この章では、どのように平和教会の拒否者が軍当局の命令に対処し、自身の良心に言行を一致させていったのかを見てみることにする。とりわけ、彼らの責任感の根底にあるものを中心に検証していきたい。

小宗派絶対拒否者の守るもの

小宗派の良心的兵役拒否者には、よく知られた歴史的平和教会（クェーカー、メノナイト、ブレスレン教会）の教徒だけでなく、新たに派生した小さな知られざる平和主義小宗派（モロカン、クライストアデルフィアン、セブンスデー・アドベンチスト、国際聖書学生会、ダビデの家、キリストの教会、神の教会、ペンテコステなど）の教徒も含まれていた。その多くが聖書に書かれてある信条的・教義的命令を字義的に信奉し従うゆえ、「聖書直訳主義者」（"Biblical literalists"）や「宗教直解主義者」（"religious literalists"）とよく呼ばれていた。[6] もちろん、すべての小宗派良心的兵役拒否者を「直訳主義者」と呼ぶのは不正確であり、誤りである。というのも、明らかなことではあるが、歴史的平和教会の中では、一般的にクェーカーはこの範疇に入れることはできない。しかし、とりわけ絶対拒否者を中心として、小宗派の拒否者の多くは、その姿格好から行動に至るまで聖書を字義的に解釈し、戦争遂行国家に対して非妥協的で主義に基づいた立場を固持したのも事実である。

小宗派拒否者による聖書の字義的な解釈と実践は、境遇を同じくした（非宗教的、宗教的の両者を含めた）非小宗派の兵役拒否者の目を引いた。ある政治的拒否者は彼らをこう見ていた。

［ケンタッキー州のキャンプ・テイラーにいたメノナイトの］彼らは、四六時中歌っては祈っていた。その中でも最も声を大にして真剣であったのは24人ほどの、軍刑務所への移送を待機していた者たちで、兵役拒否者が集められた小さな集団のテントの端のほうにいるグループにいた。彼らの歌と祈りを朝に聞き、昼に聞き、そして晩も消灯の時間になるまで宗教的歓喜の鞭で彼らの精神を鼓舞しているのを聞いた。彼らの声はキャンプ中に響き渡っていた。「神はお見守りくださるだろう、一日中、いたるところで[7]……」

小宗派の兵役拒否者は、賛美歌を大声で歌い、聖書のことばを文字通りに受け取ることで、その拒否行為の力の源泉とした[8]。軍営での嫌がらせにも、聖書でもって耐え忍んだ。あるメノナイトは言う。

聖書は、私にとってすべてです。それなくして、どのようにして力を見出せるのかわかりません。兵舎では、私からすべてのものを取り上げましたが、聖書だけは、と嘆願すると、ついに所有を許してくれました。兵士らが私の髪を引っぱっていたときも、私は聖書を上着のポケットに忍ばせており、そこに手を当てていることで、力を得ました[9]。

宗教的兵役拒否者でさえ、メノナイト派のほとんどは「痛々しいほどまでに字義的に聖書を解釈している」とし、「近代的な観点から」良心的兵役拒否の問題を論ずる者はほとんどいないと見ていた。[10] 以下に挙げるキャンプでの政治的兵役拒否者とのやりとりは、メノナイトの良心的兵役拒否観を浮き彫りにしている。


「私たちはメノナイトです。兄弟よ、君はどの教会に属しているのですか」

「どこにも」と私は答えた。

彼らはどこか肩透かしを食ったような顔で互いを見た。

「君はどの教会にも属していないのですか。ならばどうして良心的兵役拒否者なのですか」と髪の毛を切り取られていた少年が聞いた。

「そうだね、僕はおそらく君たちが愛するほどには神を愛していないが、戦争を憎む心は一緒だよ。教会員でなくても、僕の良心は認めてくれないか」と私は言った。

「でも、君は神のみことばを信じないっていうのですか」とかの少年が真剣に尋ねた。

「残念ながらね」と私は告白した。「でも、そのことと戦争に積極的に反対することとは全く関係のないことに見えるけど。実際、多くの国に何億ものキリスト教徒がいて、彼らは神の存在やキリストの教えへの信仰を公言しつつも、血のついた銃剣を振りかざしながら戦場に行っているではないか」

「なら、君は人命を奪うことはあるのですか」とあの髪を切られた若者が食い下がってきた。

「たとえば、君が強盗に遭ったとき、その強盗を殴打したり、抵抗したりするんですか」

「たしかに抵抗するよ。でも、君の例とこの戦争とのつながりが見えないな。君たちなら強盗に抵抗しないのか」と聞き返した。すると、

「するわけない！」と2、3人が声を上げた。[11]

小宗派の観点からすれば、良心的兵役拒否者とは、それが強盗であれ戦争であれ、例外なく悪に対する無抵抗主義を実践するキリスト教徒である。この対話での無抵抗主義は消極的なものに聞こえるし、そうした者に農業賜暇を与えて良心的兵役拒否を認めても、政府にとっては痛くもかゆくもなかったであろう。しかし、小宗派の無抵抗主義が軍の命令に対してなされたのであれば、その消極性は、精神的にも肉体的にも力が必要となってくる。以下に、ある小宗派の事例を見てみよう。

モロカン派は、ロシアから来た小規模な平和主義小宗派である。その教徒は、徴兵を逃れるためにアメリカに移住し、アリゾナ州とカリフォルニア州に農業共同体を形成した。聖霊から受ける霊感の彼らの表現の仕方から、「聖なる跳ぶ人たち」("Holy Jumpers")とも呼ばれたモロカン教徒は、聖霊は彼らが兵士になることを禁じていると信じている。よって、彼らは軍のすべての命令に従うことを拒否した。[12]軍の権威に対する彼らの無抵抗主義は、兵舎や牢獄で精神的にも肉体的にも数多

くの困難に直面した。神への強い信仰がなければ、彼らは無抵抗主義を続けられなかったかもしれない。以下に挙げるあるモロカン教徒によって書かれた手紙の一部からは、彼らの観点からモロカン派の無抵抗主義がよく見てとれるだろう。

1918年8月2日、フォート・フアチュークスの牢舎にいた私たちの所に一人の将校がやって来て、「君たちは兵士にならなければならない」と言った。私たちは兵士になることはできないと答えたが、その将校は、「君たちを強制してでも兵士にする」と言った。私たちは、「力はあなたたちの側にあります」と答えた。

翌日、ふだん通りに訓練開始のラッパが鳴らされた。私たちは、牢を出て行かなかった。すると突然、あの将校が数人を引き連れて飛び込んできて、きつい口調で私たちに訓練に出るように命じた。私たちは、私たちの宗教が禁ずるゆえ、訓練には行かない、と言った。長い議論の末、将官たちは出て行き、私たちは朝食を準備するために牢舎を出た。朝食の後、私たちは牢に戻ることを許されなかった。私たちは、あの将校によって訓練を強制するように命じられた兵士たちのところに連れていかれた。私たち一人につき、4人の兵士が取り囲んだ。まず、兵士らはF. V. K. を隊列に並ばせようとしたが、彼は隊列の中で立とうとしなかった。次に、私が同じようにさせられたが、抵抗するも兵士の腕に抱えられ、隊列に入れられた。私は神に向けて手を挙げ、私を助けてくださるように神に祈り、そして地に倒れた。兵士は再び私を抱え上げた。そこには400人以上の兵士と多くの将校がいた。私は彼らに訴えた。「市民よ、聞け。私たちに何かをしたいのなら、ここでしろ。私たちを拷問するな」。そして私は再び神に祈った。それから、彼らはノイジーを同じように並ばせようとした。彼もまた抵抗し、地面に倒れ、祈った。さらに彼らはフェドアーにも同じことをしたが、彼は死人のごとく地に倒れ、そしてジェイコブも同じであった。

将校は、私たちを起こすように兵士に命じたが、兵士たちはできなかった。そこで将校は大佐を呼びにやった。すぐに大佐はやって来て、私たちの中で誰が一番上手に英語を話すのか聞いた。兵士たちは、私のそばで横たわっていたクリコフを指した。クリコフは起き上がるよう命じられたが、彼は動かず、大佐は私たちに彼を起こすように命じた。「おまえらは手があるだろう、自分たちでやれ」。彼らは私たちに一切パンを支給しない、と脅かしはじめたが、私たちは気にかけることなく、彼らのパンは食べない、と言った。すると大佐は、消火ホースをもってくるよう命じた。神のみ心が私たちを支えていて、撃たれる覚悟すらできていた。ついに大佐は、私たちに牢舎に戻るように命じた。「私たちが〔自分で〕ここに来たのではないのであって、私たちはどこにも行かない」と答えた。私たちの誰一人彼らの命令に従わないことがわかると、出水を命じ、消火ホースを私たちの顔に向けた。2時間余りそのように虐待を受けた後、半死状態であった私たちは牢舎に引きずり戻され、私たちは神にその御慈悲を感謝した。(13)

やがて6人のモロカン教徒がカンサス州のフォート・レーベンウォースの牢獄に入れられた。そこでも彼らは無抵抗を続けた。初日に労働作業を拒否すると、直ちに「穴倉」（"the Hole"）と呼ばれた独房に入れられ、食事はパンと水のみしか与えられなかった。1918年12月初頭に政府がその運用を停止させるまで、彼らは毎日9時間、立った状態で檻の金棒に手錠で括りつけられていた。

小宗派絶対拒否者の道徳的責任

小宗派の絶対拒否者たちはすべて、聖書の「みことば」と軍の権威に対する無抵抗主義の実践を通して、厳格な道徳的責任感を固持していた。たしかに、彼らのその責任感は、この世のすべてのものから——彼ら自身の肉体的な健康も含めて——超越していた。フッター派のジェイコブ・ウィプフは、兵舎や牢獄における拷問や虐待にもかかわらず、教徒の軍服着用拒否について、「私たちが軍服を着ることは、神が私たちに望んでいることではないと考えました。これは、私たちの宗教的な義務を果たすことの問題であって、生死を決する問題ではないが、私たちが軍服を着ることは決してなかった」と語っている。[14] このように、小宗派絶対拒否者たちは、自分たちの道徳的責任が神に直接つながっていて、戦争を遂行する国家のこの世の権威を超えたもの、と理解していた。さらに、その責任感は、国家によって命じられた「国家的奉仕活動」や「国民の義務」を拒んでいた。というのも、神の直接の掟を破ることになるからである。

ある意味、小宗派絶対拒否者たちは、自身の道徳的責任に関して、ふたつの選択を迫られていた。神のみことばを信奉するのか、それとも戦争国家の権威を認めるのか。そしてそこには妥協の余地はなかった。「狭き門」を通り、神の子となるには、その選択は明確であった。ブレスレン教会ドゥンカード派のマウリス・ヘスは、こう語っている。

私が知りそして信じるかぎりにおいて、大統領または戦争省長官のいかなる命令も、私が罪の行為であると見なすものについて、私にさせることを要求も期待もしていない。私は、その〔私に与えられた〕命令が合法的な命令だとは考えていない。それは、私が自分の良心の命令と神のより高き法の簡潔な教えを破らずには従うことができないものだからだ。私は恣意的に頑なにではなく、できるかぎり心静かに、崇敬の念をもってその命令に従わないのである。私に課せられた軍の作業への支援拒否において、私は、自分の良心と深き宗教的信念に基づいて行動しているだけであって、したがって、悪いことはしていない。そうした理由により、私は告発されているような有罪ではない。

私は殉教を求めているのではないと強く思う。一人の青年として、いのちとその希望、自由、そして奉仕の機会は私にとって魅力的である（中略）。しかし、私は永遠の罪責を対価としてこうしたものを買うなんてことはできないことはわきまえている。私は、私の救い主であるキリストの教えを心得ている。彼は私たちに、悪には抵抗するな、敵を愛せよ、私たちを呪う者たちを祝福せよ、そして私たちを憎む者たちに善行をなせ、と教えている。彼はこうしたことを教えるだけでなく、ゲッセマネで、ピラトの前で、そしてカルバリーの丘で実践されている。私たちは、戦争や兵役に参加するのではなく、罪深き世のあざけりやからかい、投獄、そして虐待あるいは死をよろこんで耐えなければ、たしかに偽善者であり、私たちの信仰に対する下劣な裏切り者となるであろう。私たちは、キリストへの服従が私たちに永遠のいのちという輝かしいものをもたらすことを知っている。私たちは屈服することはできない。妥協することもできない。私たちは苦しまなければならない。[15]

多くの小宗派の兵役拒否者たちは、こうした態度で行動し、その結果を受け入れ、苦しんだ。軍のいかなる命令にも抵抗した者が、最も重い刑罰を被った。しかしながら、彼らにしてみれば、自分たちはキリストの教えに従っているのであり、そのことが、彼らに状況を耐える精神的な力を与えていた。デュエイン・スイフトは、両足首に重い鉄の枷（かせ）をはめられ重労働を課せられていたが、アーカンソー州リトルロックのキャンプ・パイクの懲罰房から父親への手紙にこう記している。「彼らは私がどこから力を得ているのか知ることは決してないであろう。でもその力は湧いてくる。しかも次から次へと。彼らは私をくじけさせることができると思っているが、私に苦役を課せば課すほど、私の精神力はますます強くなり、私はますます幸せになる。私は幸せで、一日中歌い、口笛を吹き、祈っている。私は、骨折り作業をしているときには、キリストを想い、彼のゴルゴダの丘への道を思い浮かべている[16]」

神か国家かの選択において、とりわけ国家の行為が戦争を遂行するということにおいて神の命令に背くとき、小宗派絶対拒否者たちは、マニ教的な二元性の世界観に固執し、いかなる妥協も許さなかった。たとえば、彼らのもつ責任感の範疇には、「国家作業」や「愛国的な務め」などといったものが入る余地はなかった。神の権威が国民国家のそれを上回っていたのである。神の命令を忠実に、そして字義的にさえ捉え、小宗派兵役拒否者たちは、普遍的な人類兄弟愛の理念を実践において体現し、それは、国民国家の枠組みを超えたものとなった。

こうした小宗派絶対拒否者たちが戦時国家の権威に抵抗したのも、「永遠の罪責」を恐れたか、あるいはその反面である「永遠のいのち」を得るために行動を起こした部分もあるであろう[17]。しかしながら、彼らが軍隊の一部となることを拒んだその事実は、社会的な影響をも含意する。彼らの無抵抗主義の実践において、小宗派絶対拒否者たちは、彼らの観点から、聖書に見出される人道主義を表していた。よって彼らの倫理的信念は、神と直接つながっているゆえに、すべての国家的な、この世の権威を超越する。どれほど受動的に見えようとも、彼らの無抵抗主義は、社会的な重要性を意味しているとは言えないだろうか。それは、聖書を根拠にした、人と人との間の理想的な関係を表しているのだから。

第8章　非小宗派の良心的兵役拒否
――倫理的個人主義と市民責任

私たちは社会の中で生きている。しかし、まずは私たち自身を生きるのであって、もし、理性のすべてが反対しているときに、戦争で人の命を奪うようなことがあれば、私たちは正直に、あるいは自分の心穏やかに生きていくことはできないだろう。

――アーネスト・メイヤー『おい、卑怯者！』より

国は当初、良心的兵役拒否者は、いずれかの「よく認知された宗教的小宗派あるいは組織」に属していると考えていた。こうした見方に固執する官僚や政治家がいる中で[1]、普遍的かつ絶対的な徴兵制度によって、じきに政府は、平和主義的小宗派や組織以外の良心的兵役拒否者の存在を認めざるをえなくなる。1917年12月、戦争省長官は、「戦争に対する個人的な良心的とがめ」も良心的兵役拒否を構成するものとして考慮するように命じた[2]。

こうした平和主義小宗派や組織に属さない非小宗派の良心的兵役拒否者は、多くの場合、「宗教

的理想主義者」か「社会主義者」の2種類に分けられる[3]。全米20の軍営にいたおよそ1000人の良心的兵役拒否者を調査した公認心理学者のマーク・メイによると、前者は「良心やキリストの教えに直接訴え、愛の原理を人生における唯一の原理としている」。調査委員会の一人であったウォルター・ケロッグは、「理想主義的拒否者」をこのように説明している。彼らの「色眼鏡はあまりにもバラ色なので、人間の弱さ、また人間の起こす戦争でさえも、親切や愛のみで扱うべきものだとしている。彼らは非実用的で、妄想家であり、その知性は半熟でしかない。彼らの足は長く地上からは離れており、彼らの理想のワゴンは星につながれている」。後者の社会主義的良心的兵役拒否者についてメイは、「今日の重要な社会的経済的問題に精通している。彼らの愛国心には、国という制約がない。（中略）彼らは人類の兄弟愛、世界合州国、自由国際連盟、そしてすべての人が等しく権利を有する理想状態の社会を信じている」とする。政治的拒否者とも呼ばれた彼らについてケロッグは、「戦争の原因について理解しており、時事的問題に関しては通常以上によく知っている。彼らは、我が強く自己中心的で、『自分対世界』の図式で熱く議論をする」と主張した[4]。

「宗教的」と「政治的」兵役拒否の複雑性

このような対比は、非小宗派の良心的兵役拒否者の中での宗教的・非宗教的拒否者を区別するのには役立つものかもしれない。しかしながら、この対比はまた、彼らの間に存在していた「宗教的なもの」と「政治的なもの」の複雑性を見えにくくするものにもなる。ある兵役拒否者は、聖書とキリストの教えに基づいて戦争を拒否し、かつ、自身の行為の政治的側面も理解しているかもしれない。また、社会主義的な考えや哲学的・政治的理念に基づいて戦争や国家の戦争政策を拒否する者も、キリスト教の信仰や宗教的理念や理想に対する深い敬意を持ち合わせているかもしれない。この問題は、兵役拒否者それぞれの主要動機に関することであろうが、多くの場合、宗教的なものと政治的なものの様々な割合での混在が認められる。[5] 以下に見られるように、非小宗派の兵役拒否者における両者の線引きは、明瞭にはできない。

さらに、後者の「社会主義的」あるいは「政治的」兵役拒否者の類型は、その意味するところがあまりにも広範で曖昧なので、それほど役に立つものではない。この類型における兵役拒否の根拠は、たとえば、道徳的、倫理的、人道的、経済的、政治的、哲学的、社会的なもの——そして上記の様々な組み合わせが考えられる。ケロッグは、「想像しうるかぎり一人ひとりが異なるゆえ、社会主義的兵役拒否者をひとくくりに説明することは難しい」と認めている。[6] 彼らが共有しているものは、兵役拒否の根拠としての非宗教性であるが、たとえば社会主義的といった一言でその多様な兵役拒否の根拠を言い表してしまっては、精確性に欠ける。「社会主義的」の他にも、「政治的」ということばがこうした非小宗派で非宗教的な良心的兵役拒否者によく使われる。しかし、「政治的」兵役拒否者の中には、少なくとも3つの異なる意味と種類の拒否者が存在している。第一に、政党や政治組織には属していないが、暴力の使用、国策としての戦争、そして徴兵制度に批判的な拒否者。第二に、社会党や世界産業労働者組合（ＩＷＷ）などの政党や政治組織に属し、とりわけ資本主義の戦争に反対する拒否者。そして第三に、国籍や国民意識がもとでの（たとえば「イングランドの戦争」に参加しようとしないアイルランド民族主義者などの）兵役拒否者である。[7] この最後の類型は、よく「政治的兵役拒否者」の一形態とみなされてはいるが、[8] 本書での「良心的」兵役拒否者には含まれない。ここでの焦点は最初の類型に当てられる。すなわち、政党や政治組織に属さずに、個人の単位で戦争に反対し兵役などを拒否した者たちである。それは、彼らのうちに個人と社会の緊張関係およびつながりがより明確に表れてくるからである。[9]

ここでは、非小宗派の良心的兵役拒否者に「宗教的理想主義者」や「社会主義者」といったありきたりの類型をあてはめるのではなく、手紙や回想録や声明文に見られる彼ら自身のことばを検証し、彼らがどのように国家や社会から自分の良心の自由を守り、それに基づいて行動したのかを考察する。彼らが兵士になることを拒み、どんなかたちでも戦争の機構には協力しなかった根拠には、4つの理念が存在する。宗教的理念、非宗教的（世俗的人道主義的）理念、平和主義的理念、そして市民的自由の理念である。最後の2つは、暴力と徴兵制度の放棄を含むものであるが、ほとんどの非小宗派の良心的兵役拒否者たちに様々な度合いで保持されていた一連の価値観を表している。それらはまた、絶対拒否者にあっては、切り離すことのできない理念であった。同じことが宗教的、非宗教的理念に関しても言えるかもしれない。たしかに、それぞれの理念に立脚して非小宗派の拒否者が戦争や徴兵に反対する際に使うことばは著しく異なるかもしれないが、社会的圧力や国家の命令に対して個人の良心を守る理念のあり方には、そして軍営や牢獄で自身の責任感に基づいて行動する仕方にはなおさら、宗教、非宗教を問わず共通したものがある。ここでの焦点は、戦争拒否のそれぞれの根拠の独自性ではなく、拒否者自身がどのように個人と社会、良心と国家の関係を主観的に見ていたか、にある。その中で、非小宗派の良心的兵役拒否者たちがどのようにして信念の倫理を堅持してきたのか、そして彼らがどのようにして自身の責任の倫理を考え、守ってきたのかを調べていこう。まずは、ふたつの非宗教的、世俗的人道主義的拒否者の事例を考察し、さらにふたつの宗教的ではあるが平和教会外の拒否者の事例を見ていこう。

非宗教的（世俗的）人道主義――アーネスト・メイヤーとハワード・モア

アーネスト・メイヤーは、ウィスコンシン大学の3年生のときに徴兵された。ドイツ系の両親のもとに生まれ、シカゴで育ち、高校卒業後は4年間ほど様々な仕事（「印刷工見習いや西部砂漠地帯での測量技師手伝い、調理、皿洗い、雑役、森林でのやぶ刈り、倉庫での貨車への荷揚げ」）をして、大学に入学した。こうした様々な仕事体験を通して、メイヤーは、異なる国籍や民族的背景をもつ多種多様な人たちに接し、四海同胞主義（コスモポリタニズム）を養っていった[10]。大学では、学生の月刊誌の編集長であったが、研究室での私的な会話でリバティ債券を揶揄したドイツ語の教授が大学によって解雇されたことに抗議して、編集長職を辞した。そして、メイヤー自身の戦争に反対する姿勢が、彼にも災いをもたらすようになる。兵役拒否を宣言した後、彼は大学を退学処分されるのである。連邦執行官は彼のことを「危険な非愛国的市民」と標的にしていた。[11]

メイヤーは、大学内で戦争に反対するごくわずかな（「悲しいほどに少ない」）学生の一人であった。その少数の異端者とともに、彼は、戦争の「燃える神の足元に数百万人を引きつけている信仰に疑問を投げかけ、距離を置くなんて生意気で不適切」だと感じてはいた。周囲との緊張関係は、彼が戦争反対の立場を続けるほどに高まっていった。「友人たちが来ては懇願して言った――君は間違っている。惑わされているんだ。この戦争は十分に必要なものだ。正義の戦争だ。世界を清めるだろう。（中略）友は来ては脅かして言った――君は頑固者だ。自己中心的で、反社会的だ。君は卑怯者だ。非愛国的で、敵を愛している。ただでは済まなくなるぞ。（中略）そして、友人たちは来なくなった」[12]。友人や社会と、戦争に反対する彼の異端の信念との対立の中で、メイヤーは、彼自身の声を見出そうとし、その声に道徳的な根拠づけを妥協なしにしようとしていた。彼は自らに問いかけ、考えた。

この嵐の吹き荒れる年に、反戦異端者自身の姿勢と行動とはどうあるべきだろうか。僕の友だちは、心優しき友人たちは、戦争へと行進していった。僕たちは数多くの涙ながらの別れをした。彼らに加わることができれば、どんなによかっただろうか。どんなに楽であっただろうか。（中略）ああ、このような善良で正直な人たち皆に反対した立場をとるなんて、なんと独断でうぬぼれたことか。おまえが単に頑固で利己的で親ドイツだというだけのことなのか。これは、僕の尊敬する哲学の教授が僕に言ったことで、その後、決して口をきいてくれなくなった。夜ベッドに横たわっているとき、湖畔を長く散歩しているとき、こうした問いが湧きおこり、静まることはない。しかし、どんなことが起ころうとも、もう引き返すことはできないとわかっていた。いかなる友情も強制力も、人命を奪い、誤りを人間の血で清めるために、僕を戦場に導くことはできない[13]。

メイヤーは、自身の戦争反対が道徳的問題であることを認識し、戦争に関わる社会や友人に対して彼の立ち位置をはっきりとさせたのである。

徴兵された後、メイヤーは、良心的兵役拒否者であることを主張し、調査委員会の前で戦争に反対する見解を明確にした。1918年8月、オハイオ州にあるキャンプ・シャーマンでは、およそ160人の良心的兵役拒否者が委員会の面接を受けることになっていた。そのほとんどがメノナイト派の人たちで、クェーカー教徒も何人かいて、異なる宗教組織に属する少数が面接のために並んだ。メイヤーは、どの教会にも属していなかったので、列の最後尾に一人並ばされた。委員の一人であるハーラン・ストーン法律学校長とのやりとりの中で、彼は政治的な理由で戦争に反対していることを明らかにしている。

「君はどの教会にも属していないのか」

「はい、属していません」

「では、社会主義者か」

「彼らの主義の多くを共有してはおりますが、私は党員ではありません」

「もし君が襲われたり、君の家に強盗が入り、君の妻や母を強姦しようとするならば、君はどうするのだ」

「抵抗します。妻を救おうとします」

「それでどうやって君は戦争反対の立場を貫けるのか。君は力の行使を認めたじゃないか」

「この比較には、どのようなつながりも見えません。私は、この戦争が防衛的であり、問題があなたの強盗の例が示すほど単純に語れるとは、認めることができません。あなたは、この戦争では一方が無辜の妻や母で、もう一方が残虐悪魔だとほのめかしますが、これを受け入れることはできません。また、強盗に立ち向かう私の場合ですが、私は自分の握りこぶし以外のものはもたないかもしれませんし、一個人を相手にしているのです。しかし戦争では、国を相手にしているのであり、どの国も暴漢や堕落者だけで構成されることはありません。アメリカは、傑出した中立国であればこそ、武力に頼らずとも平和をもたらすために十分な圧力をかけることができたのであります。というのも、すべての戦争国には、戦争には懲りた数多くの市民が存在していて、協議で平和をもたらそうとするいかなる運動をも支持しようとしているのです」

「他の手段は試されてきたのだ。そして失敗した」と法学校長が言った。

「その他の手段は、私たちが戦争に動員するのと同じほどの熱意と犠牲でもっては、試されていないのです。もし同じほどの精力とお金、組織、労力とが、国と国との間での平和の想いの醸成を確かなものにするために使われていたならば、それに逆らうことはできなかったでしょう[14]」

戦争に反対するメイヤーの根拠は、道徳的であると同時に政治的でもあった――実際、それらは不可分に結びついていたのである。彼の政治的な反戦理由は、狭義ではあるが一般的に広まっていたもの、すなわち、政治的な便宜に関わるものではなかったことは明らかである。そうではなく、メイヤーは、政治的に戦争に反対する中で、政府の戦争政策（国家による暴力の使用）を批判し、代替策（非暴力的な協議）を強く主張したのである。そして、戦争に反対する異端者による批判や提案にもかかわらず、国家が暴力の道に頑なにとどまりつづけるとき、メイヤーは、戦争への個人の参加は道徳的な問題である、と考えた。ストーン法律学校長の「国は決断を下したのだ。その決断に従うのは君次第だ[15]」との発言に、メイヤーは、道徳問題においては、国家からの個人の自由を主張する。

もし自らの善と悪に関する最も深いところでの信念が侵害されたと感じるならば、個人が国家から身を引かなければならないときがある。今はまさにそのときである。生命を破壊することで何の幸福も得られず、何ら正当な大義が実現されるとも思えないとき、その破壊に加担することはできない。自分自身を投ずることのできる「理想的な」戦争がやってくるかもしれないが、この戦争はそうではないし、奴隷の反乱を除けば、歴史上いまだかつてそのようなものがあったかは疑わしい。私はこの戦争には、二つに分かれた国際的な銀行家たちの、より広範な影響力を求めた争いしか見えないし、この戦争が終われば、すべての政府に搾取されている労働者が腕を組みたたんで参加を拒まないかぎり、新たな権力配置、利潤の新たな奪い合い、そしてさらなる戦争が見えてくる。[16]

小宗派の良心的兵役拒否者のほとんどとは異なり、メイヤーは、一般的な意味において平和主義者ではなかった。すなわち、戦争と暴力の絶対的な――したがって自動的な――拒否をする者ではなかったのである。しかし戦争に対する彼の政治的反対は、「自らの善と悪との最も深いところでの信念」がかかっている道徳観に支えられていた。それは教会や神から出てきたものではなかったが、メイヤーは自分の道徳的判断を曲げず、それがもたらすものにもかかわらず、その責任を背負った。「私はこのために準備してきたのである――虐待、軍法会議、終身刑。実際に私たちの何人かは命を落としているのだ。何ゆえに？　みな死んでいる。どこもかしこも。頭を高くして自分自身の選択で行くほうが、狂気じみて無意味な戦争で殺し殺されることに自分の理性と良心に反して引きずり込まれていくより、ましだ」[17]。こうした個人の道徳的自主性は、本書では信念の倫理と呼んでいるが、別の絶対拒否者であるハワード・モアにも見ることができる。彼は平和主義の宗教小宗派の人たちに与えられているのと同じ権利を、自身の良心に基づく信念に求めている。

ハワード・モアは、ニューヨーク州のチェリー・バリーで育った。家族を支えるために、まだ8年生（中学2年生）のときに学校を去らねばならず、近くの町フォート・プレインのデパートで働きはじめた。14歳のときにニューヨーク市へと本職を見つけるために発った。数年後、17歳でニューヨーク電話会社に入社し、その後アメリカが第一次大戦に参戦するまで10年以上にわたってキャリアを積んできた。大都市に住んでいるゆえ、モアは幅広く読むことができ、また哲学や経済学、宗教の異なる考えを街頭演説から聞くことができた。土曜日の午後には、よくマディソン・スクエア公園に街頭演説を聞きに立ち寄っていた。彼はまた、社会党本部にあったランド社会科学院に加わり、チャールズとメアリーのビアード夫妻や、スコット・ニアリング、H.W.L.ダナ、ユージン・デブス、モリス・ヒルクイット、ノーマン・トーマスなどの講義を聞いた。モア自身は、社会主義の目標に共感はしていたが、社会党その他の政党の党員になることは決してなかった。

1917年春、アメリカが第一次大戦に参戦するに際し、戦争に対するモアの姿勢は明確であった。「私は長いこと戦争とは、醜い流血事で、愛国主義と国家安全保障の名においておこなわれるものの、実際には経済的な理由、少数の利益のためにおこなわれていると考えてきた。私は戦争には参加しないことを決意した。それで私がどのような代償を払うことになっても」。徴兵令が発せられ、兵役忌避者や徴兵登録をしなかった「怠け者」の話がニュースを賑わせていた。モアは「何からも逃げたくなかった」ので、徴兵登録はした。「私は大っぴらに戦争に反対し、その責任を取りたかったのだ」。彼はマディソン・スクエアの街頭演説に加わり、戦争を非難し、電話会社の同僚からもその見解を隠すことはしなかった。会社では、モアに密かに賛成する者もいたが、モアの反戦の姿勢に敵対的な者もいた。やがて、この会社は「公共サービス企業」であるゆえ、彼の反戦姿勢をこれ以上許容することはできないと告げられ、モアは解雇された[18]。

自身の徴兵が近づいているのではと察したモアは、1917年12月下旬、地元徴兵委員会宛てに良心的兵役拒否を宣言する手紙を書いた。その中で彼は、非小宗派の平和主義者として、公認された宗教的兵役拒否者と同等の権利を主張している。

> 私は、戦争に参加することを禁ずる宗教的小宗派や組織の一員ではありませんが、私自身の良心の信念が、私の社会的原理の表れとして、戦争に参加することを禁じています。私は、すべての戦争が道徳的に間違っていて、その遂行は犯罪であると信じております。また、いのちは神聖なものであると信じ、私の同胞の殺戮に自らを加えることはできません。さらに、私は、戦争参加を禁ずる教義をもつよく認知された宗教的小宗派や組織に法律のもと与えられているのと同等の権利と配慮を要求いたします[19]。

そのおよそ4か月後に、召集命令は来た。モアは、いま一度、徴兵委員会に彼の立場を書き送った。「4月29日に徴兵のために出頭せよという通知を受け取りました。私は法に従い出頭いたしますが、先にも書いたように、私は良心的兵役拒否者であるゆえ、戦闘的であれ非戦闘的であれ任務を拒否するであろうことを強調しておきたいと思います[20]」。この手紙においても、モアは自ら良心的兵役拒否者を定義づけていた。兵役法では、いかなる良心的兵役拒否者も「大統領が定める非戦闘的な任務からいかなる作業においても免除されることはない」と明確に規定されているが、モアは、それが戦闘員であれ非戦闘員であれ、兵隊の地位を受け入れようとはしなかった。

軍営では、部隊長も調査委員会もモアの誠実さを認め、戦闘的、そして非戦闘的任務から免除した。彼にあてがわれたのは、農場賜暇であった。しかしそれには兵士であることの地位がついていた。モアは、その地位を受け入れることは「戦争における役割を軍の命令下に受け入れることになる」ので、農場賜暇への配属も拒否せざるをえなかった。彼はこの点、妥協することはなかった[21]。

こうしたモアの兵士になることへの絶対的拒否の背景には、彼の平和主義の他にもさらなる根拠があった。1919年8月、カンサス州フォート・リレイの軍営にいたモアと他3人の良心的拒否者たち（エバン・トーマス、ハロルド・グレイ、アーリング・ルンデ）は、徴兵制度の原則に抗議してハンガーストライキをおこなっていた。彼らはその数週間前に、調理された食事を求めて抗議活動を起こしていた。この機会に彼らは、ハンガーストライキの理由を説明するために戦争省長官に手紙を書いている。徴兵制の原理反対が、モアの抵抗のさらなる理由であった。その手紙に彼らはこう記している。

私たちの誠実さを見極めるために任命された徴兵委員会の方々にお会いして一か月以上経過いたしました。いま、私たちは、徴兵制の原理が非アメリカ的で、まさに軍事主義と戦争の屋台骨であると信じ、それに一貫して反対するゆえ、選抜兵役法のもとで私たちの自由を制限するいかなるものにも金輪際、抵抗していくことを決意いたしました。

私たちは、一般市民として社会のために働く熱意と準備はもっています。また、国家に反対する宣伝活動に従事することは望みません。社会で役に立つ、建設的な人生を送りたいのです。（中略）政府が良心的兵役拒否者を義務奉仕・強制任務から免除する準備ができていないことは、私たちも理解しております。よって、私たちは、私たちが人生において心からしなければならないと感じることの追求を妨げられている間、食べることを拒否しようと決心したのです。私たちは、この件における重大性をしかと認識しております。しかし、私たちは、私たちが人生で最も大切にしている原則に反するであろう法令に不承不承従うより、餓死する決意であります。[22]

また、モアは、自身の見解を述べるために別の手紙を書いている。

戦争に対する、そして戦争が促進される反動的な方策、すなわち、徴兵制と強制奉仕に対する私の抗議と反対にもかかわらず（中略）私がアメリカ合州国陸軍へ召集されて以来、私は一貫して陸軍のいかなる部隊への配属も拒否し、また、１９１８年６月１日の大統領令の条項にある農場作業への徴用にも従うことはできません。

兵役法のもと国は、私的自由への私の権利をすべて剝奪しています。この私の権利の剝奪に抗議している間、国家が私を有用な成員として社会に復帰させるのに、４か月待っています。その間、私は、良心からすることができない仕事を拒否したかどで、二度、調理された食事を出されませんでした。[23]

このような絶対拒否の姿勢は、モアを軍事裁判にかけさせ、25年の禁固刑にさせた。カンサス州のフォート・レーベンウォースで、モアは牢獄でも働くことを拒否したので、独房監禁（「穴倉」入り）させられた。[24] 彼は立った状態で毎日9時間、独房の鉄柵に手錠をかけられ、２週間続けてパンと水のみの食事をあてがわれた。牢獄の中では（今や良心の囚人となったとして）働きはじめた絶対拒否者の友人もいたが、モアは、戦争機構の一部となることを拒否しつづけた。[25] 何が彼をそれほどの絶対拒否者にしているのだろうか。彼はこの問いに、独房から仲間の兵役拒否者へと答えている。

手錠をかけられた両腕で半分うとうととしていると、私がハンガーストライキをおこなっていたときにフォート・リレイでテントを共有していた宗教的兵役拒否者のアーサー・ダンハムの声が聞こえてきた。「もし君は神様を信じていないのなら、何が君を支えているのだ」と尋ねてきた。私はいま一度彼に言った。「自分自身の責任感だよ。自分の外側にある権威を認めることは、自分が究極的な決定を下す権利を放棄することになるんだ。そのこととそれがもたらすであろう結果を理解することは、一番深い意味において自由を知るということなんだ」

自由よ！　軍事的権威主義のもとで、いくばくかの自由が存在できるのだろうか。もちろん、存在できるだろう。残虐に監禁されようとも、私はまだ、自分が信じている理想に向けて闘うことができるのだ[26]。

自分の理想に向けて闘いつつ、モアは自身の道徳的自主性を主張し、信念の倫理を堅持していた。彼は徴兵制と戦争への参加は道徳的問題だと理解し、それには協力しない権利を主張した。自分の身に降りかかる困難にもかかわらず、兵士にもそして軍事機構の一部にもならなかった。外なる権威に自らの「善と悪に関する最も深いところでの信念」を侵害され牛耳られることを拒んだメイヤーと同じように、モアは、自らの「究極的な決定を下す権利」について妥協しようとしなかった。彼らの抵抗の根底には、社会と国家に反する世俗的な道徳的意識があった。次にハロルド・グレイの事例に、宗教的基盤に基づく個人の道徳性と国家の命令との明確な対立を見ていこう。

宗教的人道主義——ハロルド・グレイとエバン・トーマス

先のアーネスト・メイヤーとハワード・モアとは異なり、ハロルド・グレイは宗教的兵役拒否者であった。グレイは強い宗教的影響のもとに育ったが、小宗派には属していなかった。彼の母方の祖父であるウィリアム・スタッドレイ博士は、メソジスト監督派教会の牧師であった。父方は、3代にわたり使徒兄弟派（The Disciple Brotherhood）に属していたが、ハロルドは、デトロイト中央キリスト教会の教会員になった。彼の父、フィリップは、社会的にも経済的にも影響力のある人であった。デトロイトYMCAの会長を務め、YMCAの国際委員会の委員でもあった。また、ヘンリー・フォードを除いてフォード社では最大の株主であったゆえ、彼がデトロイトの半分を所有しているとまで言われていた。[27] ハロルドは、高校、大学時代とキリスト教青年運動に携わっていた。彼は地元の高校に通っていたときには、教会の日曜学校の先生であった。後にフィリップス・エクスター・アカデミーでは、学生キリスト教協会の副会長と会長を務めた。ハーバード大学では、宗教的社会奉仕の仕事の情報の集まるフィリップス・ブルックス・ハウスのプログラムに参加した。1916年の春、ちょうど2年目を終えようとしているところで、国際YMCAで働くよう招待を受けた。「神からのかなりはっきりとした天命」を感じた彼は、少なくとも1年間は休学して、イギリスの捕虜収容所でボランティアとして働くことを決意する。[28]

グレイは、戦争と戦争捕虜の苦しみを間近に見て、戦争を嫌い、良心的兵役拒否者を敬うようになった。彼は、戦争がいかなる点においても「キリストの王国」を促進できるとは思えず、自分は「平和主義者」であり、「良心的兵役拒否者」であるとの信念を固めるようになった。[29] しかし、アメリカが戦争に参加して初めてグレイはその問題に直面し、当時の社会状況に関連して彼の宗教的信仰の理解を深めることになる。1917年4月22日に彼は実家に書き送っている。

先週は、私がいまだかつて経験したことのないような大きな闘いのひとつを引きずっていた——この戦争に対してだけでなく、私の全人生に対する姿勢をも決めるであろう闘いである。それは、キリストへの忠誠か、それともキリストの人生および教えに表されている彼の命令に私の目から見ても明確に反している国家への忠誠なのか、その選択が問われているのだ。この問題に妥協の余地はないだろう。キリストか国家か、この二つに一つしかない。私たちはみな、この戦争に責任があり、ドイツにその責めを負わそうとする人間は、明瞭に物事を考えてはいない、と私は強く思う。[30]

先に見てきたように、こうした神か国家かという忠誠観は、小宗派の兵役拒否者によくあったが、ここでグレイを小宗派拒否者から分かつのは、彼の責任感であった。それは、個人と社会の関係の脈絡から出てくるものであった。「私たちはみな、この戦争に責任があ」ると語るとき、グレイは個人の戦争を遂行する社会的責任を考えていた。さらに彼は「社会的自我の誕生、あるいは社会的責任の実現」について論じている。「以前私の宗教は、自分自身の内なる生命と他人への私の直接的な責任に関するいくぶん私的なものだった。今や別の面があることに気づきはじめ、それは、この戦争や人類のその他無数の苦しみにも責任があるということなのだ[31]」。グレイは「ＹＭＣＡや赤十字社が軍の一部で効率的な部門にすぎない」と考え、また、とりわけ「ＹＭＣＡは連合国側の利益には欠かせないと確信」し、戦争と徴兵制の問題に正面から取り組むために国に帰ることを決意する[32]。

１９１７年12月、デトロイトの実家に帰ってすぐ、グレイは徴兵登録し、良心的兵役拒否を主張した。彼の声明文には、戦争に反対する意見と良心の自由への議論が明晰に語られている。

イギリスで16か月の間ＹＭＣＡの事務員として軍隊や戦争捕虜に関わる仕事をしてきて、私は、戦争がイエス・キリストの人生と教えに絶対的に反するものであると確信するようになった。キリストに対する忠誠により、私は、その公然たる目的がいのちを奪い人格の神聖を侵すあらゆる機構や組織におけるすべての形態の任務を辞退せねばならないと感じている。

さらに、神の働きは人間社会にあってその様々な人びとの個人の良心を通して見られるゆえ、良心の尊厳が常に丁寧に護られていなければ、神の摂理を妨げる危険を私たちが冒すことになると私は感じている。国家が人びとの意志に反して、そしてさらに悪いことに彼らの道徳的信念に反して、人びとが間違っていると信ずる制度を支持し、行動することを強制する権力を主張するとき、人間社会における神の摂理の行為を妨害しているのみならず、この国が立脚する理念そのものの崩壊の危機にさらしているのである。[33]

ここに私たちは、平和主義と良心の自由の理念が宗教的基盤の上に合わさっているのを確認できる。さらに、グレイの戦争反対への絶対的姿勢においては、政治性と宗教性とが近接してくる。1918年7月1日の家族への手紙の中で、彼はミシガン州キャンプ・カスターでおこなわれた調査委員会との面接の様子をふり返っている。

あれはストーン判事だったと思うが、彼が私の面接を担当した。明らかに私のことは事前に調べ上げていたらしく、私に関するすべての事実は押さえているように見えた。彼は、非常に丁寧で、私がハーバードの学生だったからか特別な関心を寄せていた。おそらく彼もハーバード大卒であったのだろう。戦争に対する私の姿勢に関しては何も聞かれなかった。議論、と呼べるのなら、その議論のすべてが、どのような任務においても政府のために働くことを私が拒否したことを中心におこなわれた。個人と社会の関係および平和時にどの程度政府は徴兵することを正当化できるのかという問題については、私はよくよく考えてきた、と正直に語った。しかし、現在私の国に私ができる最高の任務は、国がたどっている道、そしてその行きつく先は国を亡ぼすことになるであろう道に抗議することであると、感じていた。いかなる任務にも就くことを拒否すること、そしてそのために牢獄に入ることが、私のできる最大限の抗議の仕方であると、認めた。

（中略）誰も二人の主人に仕えることはできない。もしイエス・キリストへ最高の忠誠を誓い、その摂理をおこなうよう努める中で、家族や友人、そして国がその妨げとなるならば、それらを犠牲にし、もし必要であれば、反対しなければならない、と強く思う。国家が人に神の意志を行動に移すのを妨げ、代わって国家の意思になびかせるとき、ことばではなくても行動において、その人の人生において国家の意思を最高のものとすることで、国家を神格化していないだろうか。[34]

このようにグレイは、自らの抗議活動を彼が国にできる「最高の任務」だと認識し、彼の政治的拒否（「国がたどっている道」への抗議）は、イエス・キリストに対する彼の強い忠誠に支えられている。「国家の意思」を超えた「神の意志」へのグレイの忠誠は、国家の戦争政策に関して彼を絶対的立場（「いかなる任務にも就くことを拒否する」もの）に至らしめた。カンサス州のフォート・リレイに移送されたグレイは、自身の絶対的立場についてこう語っている。

農場作業やいかなる代替作業も拒否する中で、私は、たとえ牢獄にあっても、徴兵制のもとでの政府への仕事のすべてを拒否してきた。私は、理念に向けて闘っているのであって、代替作業をすれば済むような、戦争参加を避けるためにではない。人びとに徴兵制のもつ本当の意味について直面してもらいたいのである。私は、徴兵制そのものが、人間社会における神の行為の最大の妨げであることを見てもらいたいのである。私は、自分の闘う悪を容認することを拒否することで、他のやり方よりもこの問題を可視化させられるのではないかと、心から強く思っている。もし私の拒否行動により、自分の健康、あるいはいのちでさえも代償となるならば、私はそれらを与えることは名誉だと考えるだろう。数百万もの人がその健康やいのちを私からすればより価値の少ない理念に与え、世の中はそのような人たちを然るべくたたえているのだ。[35]

グレイの絶対拒否の背景には、徴兵制の精神とは正反対の人間社会の発展に寄せる彼の信仰と希望とがある。彼はこう書いている。

私が見るところでは、状況はこのようなものだ。人間の歴史は、より大きないのちに向けての闘いの歴史だ。暗闇から光へ、虚偽から真実への闘いで、すなわち、神における人生の完成への闘いである。この闘いにおいて真実は、人が耳を傾ければ神が語りかけることのできる心を通して、その人の内側に表れる。人は光を見出し、それに到達しようとする。その奮闘を見た他の人も光を見出すようになり、それに向けて進もうとする。そしてゆっくりと、時には非常にゆっくりと、世界は前進していく。それは、初めに一人の人間、あるいは少数の人たちが、自分たちの見た光に対して真実であろうとし、そしてそのように生き抜くことで、ついにはすべての人たちが見えるようになるのである。

おそらくこれをイエス・キリストほどはっきりと認識した者はいないであろう。キリストの人生すべてとその教えは、多数の意思が内なる真実の静かな小さな声と対立する際に多数意思が最終判断の根拠となることへの抗議だったのだから。人は常に、多数の人が見るものではなく、自分が見出す光に従わなければならない。たとえそのようにすることで、多数により自身が磔（はりつけ）に遭うことになろうとも。今や徴兵制度のしていることは、内なる光ではなく、多数の意思が人の行為をつかさどり、国家が人の任務を要求し、もちろん常にその人にできるかぎりの選択肢を与えつつも、その行為を統制する権利を国がもっていると主張することである。この権利を、私は拒否する。私は個人が国家以上に優れていて、国家は個人のために存在するのであって、その逆ではない、と信じている。また、私は個人の権利を侵害する国家には反対しつづけるだろう。それは、個人が社会や同胞に何も負うていないと思うからではなく、個人はその人が与えることのできる最良なものを負うていて、その人が内なる光に従わなければ、その最善のものを与えることは不可能である。そうすることによってのみ、社会は先に進むことができるのである。[36]

こうしたことばは、彼の宗教的信仰（しかもクェーカー派のそれと非常によく似た考え）を響かせてはいるが、グレイが個人の良心の権利を国家や多数の意見から護るその論理は、非宗教的兵役拒否者であったアーネスト・メイヤーやハワード・モアのものとそれほど違わない。実際、グレイにとって、そしてクェーカー派の多くにとって、個人の良心、すなわち、内なる「光」は、神と直接つながっている（「真実は神の語ることができる心を通して人の内側に来る」）ものであった。しかし、その光に対して真実であり、一貫してそれに基づいて生きることで、道徳的原理と市民責任感が形成される点において、グレイと非宗教的拒否者とは共有するものがあった。彼らの誰ひとり、良心に基づく決定や行為に妥協を許さなかった。それが世俗的人道主義に由来しようとも、神につながっていようとも、「内なる真実の小さな声」は最も尊重されなければならなかったのである。そして、彼らみなが、徴兵制は良心の「小さき声」を封殺するものであると認識し、「多数の意思」を代表する国家の命令は個人の道徳的決断を無にすると考えた。グレイは、個人の権利、とりわけ良心の権利、内なる光に従う権利を信じていた。それは、人の最善の能力で社会に貢献ができるための唯一の基盤であると考えていた。戦争への国家の命令に直面した際の、個人の道徳の自主性と良心の自由への信仰および市民責任の倫理は、彼らの信念から生じたものである。この信念と市民責任の相互作用は、宗教的背景をもつ非小宗派の良心的拒否者であるエバン・トーマスにも見ることができる。

エバン・トーマスは、プロテスタント派牧師の多い家系に生まれた。父、祖父、曾祖父は、長老派教会の牧師や宣教師であった[37]。1912年にプリンストン大学を卒業し、ペンシルバニア州のYMCA学生部で1年間働いた後、エバンは牧師になるべく、ニューヨークにあるユニオン神学校に入学した。ほどなくして、ヨーロッパで戦端が開かれた後、彼は、スコットランドのエジンバラで神学の勉強を続けることを決意する。1915年の秋、彼はそこの神学生となり、地元の教会で牧師補を務めた。しかし、戦時中のイギリスで、彼は「神の王国ではなく、国家主義、愛国主義、そして戦争」を説く教会と牧師たちに幻滅するようになった。彼らは「キリストの教えのまさに核心を逃している」と[38]。トーマスは、キリストの教え、福音を実践する熱意を胸に、1916年の暮れには、イギリスにいる戦争捕虜のためにYMCAの事務員として働きはじめた。それはハロルド・グレイと同じプログラムであった。

しかし、1917年の春にアメリカが参戦すると、YMCAの戦争捕虜支援のプログラムが軍務として一役買っていることが明らかになってきた。ニュートン・ベイカー戦争省長官はそれが「アメリカ政府の役に立って」いて「自国の軍隊の軍人たちを直接的に援助している」と認識していた[39]。その年の夏までに、YMCAの事務員には、「軍隊の兵士に適用するすべての規則、規定、命令に従うこと」との命令が公式に下されていた[40]。エバン・トーマスやハロルド・グレイ、その他何人かのアメリカ人事務員は、戦争に失望し、仕事が軍事に近接することに苛立ちを覚え、YMCAでの仕事を辞め、アメリカに帰国した。その多くが徴兵制に直面し、今度は彼らが、良心的兵役拒否者として軍営や牢獄で戦争捕虜となることになる[41]。

トーマスは、エジンバラにいるときに母に一通の手紙をしたためている。その中で彼は、戦争、個人、国家に関する彼のもつ基礎的な価値を表明している。

（前略）私は、自分の無抵抗主義を、新約聖書のある一つの文章や一連の話にではなく、キリストの生涯と教えの全体的な精神とそれが私に訴えかけるものに基礎づける。戦争に行く人は、その時点で自分自身の魂を有してはいない。その人は、自分の魂を国家にしばしの間売ったのであって、その国家に大義はあるかもしれないし、ないかもしれない。しかしいずれにせよ、それは間違っている。私は個人主義者だ。それは認めよう。キリストもそうであったし、パウロも然りだ。聖霊は、あなたや私の中に宿るのであって、個人一人ひとりに宿ることはあっても、社会や国家に宿ることはない。個人は一人ひとり、他人が何と言おうとも、自分の中にある聖霊に従わなければならない。（中略）私は、一人ひとりの個人が、国家や教会が何と言おうとも、己の見る光に従わなければならない、と言っているだけだ。もし、ある行為が正しいと正直に信ずるのならば、それをおこなうべきだ。人類の他すべてがその一個人と同じようには見ていないゆえ、国家はもちろん、正当にその人を拘束できるが、その人は自分の内なる聖霊に従わなければならない。（中略）私にとっては、聖書や教会がキリストを神にするのではなく、私の中の聖霊のみがキリストを神にする。（中略）キリストの生涯そのものが私に与える影響、そしてキリストが教えたことは真実であると心で私が理解している事実、それだけが重要なのである。それを他のいかなる権威から受け入れることは、非キリスト教的である。外在する権威など存在しない。(42)

トーマスの個人に対する考え方は、クェーカー派のそれと似ている。個人は一人ひとり、自分の聖霊、あるいは「光」をもっていて、それは他の権威とは関係なく最も尊重されなければならないものである。一人ひとりの聖霊は神聖なものであり、教会や国家、さらには聖書そのものの影響をも超越したものである。一番大切なのは、それぞれの個人が認識し価値を認めるキリストの精神である。内なる精神に正直であること、そしてその精神を行動でもって表していくこと――じきに見ていくが、これがトーマスのもつ個人の道徳的責任感の中核をなすものである。

トーマスは、このような個人一人ひとりにある精神が、戦争や軍事機構によって妥協を余儀なくされていると考える。彼にとってそれは、自らの道徳的判断を放棄することであり、自らの個を失うことであり、よって、「自分自身の魂を有してはいない」ことになる。

人は軍に入隊した瞬間から、公共の言説に関してその口を閉ざす。平和や軍の施策、また他のことについても公に議論することは許されない。さらには、入隊した人は、絶対的に軍事機構の支配のもとにある。彼自身のものは何もなく、自分の良心さえも（中略）善悪の基準はなくなり、あるのは軍の命令に従うことだけだ。ここで聞いてもいいだろうか。いかなる個人もこれほどまで完全に自身の個を放棄する権利があるだろうか。キリスト教徒は自分の内なる聖霊に対してこのように妥協し、冒瀆する権利があるのだろうか[43]。

トーマスにとって、戦争を非難することは当然であった。というのも、「戦争は人から自由のすべてを奪う」からであった。また彼は、戦争が神の王国の推進を妨げていると考えた。それは「愛と自由、真実と公正、平和といのちは、同じもの、すなわち神のすべての側面である」ゆえ[44]。このような考えをもとにトーマスは、良心的兵役拒否者となった。ある軍営で彼は主張した。

率直に言って、初めから終わりまで、常に自由のために、私は良心的兵役拒否者である。イギリス軍の訓練場に初めて長く時間をかけて訪問したとき以来、私は軍隊には決して参加しないことを決意していたが、それは一つの理由からであった。私に関するかぎり、入隊することは奴隷になることであるからだ。そこで、私には、個人と社会の関係を解決することが絶対的に必要となった。そのとき、自由と愛と真実とは常にそれぞれ互いに依存しているものだと気がついた。見ての通り、私は、自分の哲学に関するかぎり、全くの個人主義者だ。私が良心的兵役拒否者なのも、戦闘が間違っていると私が信ずるというよりも、自由なる人間は徴兵されるべきではないし、軍の機構に服すべきではないからだ。私は、軍への徴兵と同じように労働の徴用にも抵抗するだろう。（中略）戦争は、人びとが徴兵されるのを拒むときに終わるであろう[45]。

このように、徴兵・徴用の精神に反対することがトーマスを良心的兵役拒否者にした主要動機ではあるが、彼はまた、無抵抗主義、すなわち、力の使用の放棄を信じていた。彼は、アメリカが参戦して間もなく、兄のノーマンへの手紙で、戦争ではない別の解決法である「より高貴なやり方」を論じている。「では、その高貴なやり方とは何であろうか。手短に言えば、力の使用の完全な廃棄であり、一般に『無抵抗主義』として知られているやり方だが、実際にそれは、私たちの現在の誤った体制に対するできうるかぎり最も徹底して力強い抗議である[46]」。力と暴力の使用および徴兵・徴用の精神に対する反対は、トーマスにとっては、同じコインの両面であった[47]。

エバン・トーマスは、たとえ個人がそれぞれに自身の精神に従い自分の理想を正直に追求したとしても、他者との争い、とりわけ国家との対立は避けられないことはよく認識していた。彼は、個と愛とが社会を構成していると想い描く一方で[48]、多数派や国レベルでは、個人レベルとは異なる種類の道徳が存在することも認めていた。

個人と国家とでは必然的に二つの異なる道徳がある。というのも、国家においては多数派が支配しなければならないからだ。しかし、多数派をして個人のもつ国家への理想に近づけさせる唯一の方法は、その理想に真実であるように生きること、そしてもし多数派がその理念ゆえ迫害することが正しいと信じるならば、その結果を受け入れることである。もしその理想が正しいものであったなら、それによる迫害の受難は、暗闇の中でいっそうの輝きを増すだろう。もし間違っていたのなら、その理想の保持者とともになくなっていくだろう。（中略）キリスト教と世界の違いは、個人の道徳性と多数派のそれとの違いである。個人は、自らの理想に真実に生きなければならない。その理想に多数派を連れてくるために。これが信仰というものだ[49]。

トーマスにとって、自分の理想を固持すること、そして内なる聖霊に従うことは、個人の道徳的責任と同じように信仰の問題となってくる。「キリストの教えのまさにその核心は、個人の至高の務めが、自分の行為を自らの信念に忠実にし、その教えと行動によって世界を変えていくことであるということだ[50]」。軍営では、トーマスは、徴兵制を拒否し、個人は「プロシア化」されてはならないとの彼の信念に向けて闘うことによって、自分の道徳的自主性（「より高き自由」）を主張した。

1918年7月21日付の母への手紙より――。

調査委員会はここに来ていて、私は金曜日に面会した。私は、政府によって選ばれたこの国か外国かの民間農場での農場作業への期間限定の賜暇を与えられた。私はそれを拒否した。同じ処遇を受けたキャンプ・アプトンからの兵役拒否者のほとんども拒否した。拒否する特権を与えられなかった者もいた。他の軍営から来た者のほとんどは、受け入れていたようであった。

これから先、何が起こるかわからなかったが、私は正直、心配してはいなかった。私は、自分の決断に関して、前回あなたに会ったときと同じほど幸せである。政府は私を投獄せざるをえないかもしれない。そうであるならば、私は悪意を抱くことは決してないし、自分が迫害されたとは思わない。私は単に、塹壕にいる兵士と同じように、新たな自由への私の闘いの結果を引き受ける準備ができている。

こうして私が一貫して闘っているのも、この戦争への参加から逃れるだけでなく、新たな社会秩序に基づいた真の永続的な平和をつくりだすためである。そしてその新たな社会秩序というのは、ウィルソン大統領自身が多く語り書いているまさにその理念と似たものなのだ。大統領と異なるのは、その方法であって、それに関しては、ほとんどの人たちがいずれにせよ最も極端に異なるものである。個人が国家に絶対的に従属し、そうあらねばならないような本質的にプロシア的国家理念を終結させる最善の方法は、国家が個人の労働生活を徴用する権利をもたないという原則を守り通すことである、と私は信じる。思うに戦争は、個人を徴兵することができなくなったときにのみ、終結するであろう。これがこれまですべての私の行動原理であり、「もしドイツが国を侵略し、政府を乗っ取ったら君はどうするのか」という問いへの答えはまさにこうだ。もし大多数の民衆がプロシア化を徹底的に拒めば、プロシア主義は終わるであろう。全国民を投獄したり、自身の良心に忠実に生きたからといって継続的に人びとを殺したりすることはできない。これがプロシア化に対する私のやり方だ。これは私の闘いだ。このやり方に正当性があるのかないのかは時のみが知らせてくれる。今の時点では、私の中にある信仰を私は生きなければならない[51]。

トーマスの自身の理念に対する責任感の基盤には、自分の良心を貫き通し堅持する勇気のある個人という概念がある。社会体制の違いにもかかわらず、「私たちが決して逃げることのできない個人の責任という偉大な事実」があることを彼は認める[52]。個人と社会環境との関係において、トーマスは個人の責任について考察する。

私たちは、環境によって生活に制限を受けていて、単に私たちが偉大なる全体の一部であるからといって今日完全に自由になることはできないことはよく理解している。とはいえ、私たちが良心の完全な自由をもてないということではない。しかしながら、思うに、個人一人ひとりの非常に明確な責務は、厳しい環境に打ち勝ち、できるかぎりその環境と自分自身の主人となり、そして多くの人生の荒波にもまれもてあそばれるものになるのを拒むことである。このことが理解されれば、進歩は非妥協の方向にあると私は信ずる。人類の前にある務めは、ますます独立を得ていくことである。進化の過程は、解放の過程であり、それは、制御に支配、人格の力、そして愛を意味する[53]。

先に見てきたように、ハロルド・グレイは、人間社会の発展を「暗闇から光への闘い」、大多数の意思にもかかわらず、己の見た光に、それを生きることによって到達しようとする闘いだと表現した。ここでトーマスは、世俗的なことばで個人の道徳的責任と社会発展について語っている。トーマスにとっても、良心の自由をもつことは、活きた概念であった。「多くの人生の荒波にもまれもてあそばれるものになる」ことを拒否することは、拒否以上のものが必要であった。それには、社会に対する行為、すなわち働きかけも必要であった。

私が良心の正しい定義を知っているかは定かではないが、私にとって良心とは、単におしとどめるもの、これはしてはいけない、あれはしてはいけないと常に抑制し、抑圧し、警告を発するものではない。私にとってそれは、同じように強く、私がなさねばならないことを示すものである。正直に言って、私の出会った宗教的兵役拒否者の中には、私の神経にひどく触る者もいた。彼らは、自分たちがしてはいけないことばかりを考えていたのだ。彼らは「善」について考えていて、それはそれでよかったのだが、この世において人は「善人」以上のものであらねばならない。率直に、宗教的拒否者は自分たちのことだけを考えていて、それで彼ら自身は善人でいられるのかもしれないが、私が考えざるをえないのは、多くの活力と道徳的そして精神的配慮が必要で、人間の向上と人間の幸福のために方策を編み出したり積極的に闘ったりすることにその良心の活力を使ったほうがずっとましだということだ。（中略）私は、自分ができきることについてより多く考えてきている。自由のために身を挺して闘っているが、それは自分のためだけでなく、来る世代のためにでもある。私の貢献は、せいぜいわずかなものであろうが、わずかではあっても、その重要性を残しておきたいと思う。現在のところ、政府が固執するのなら、それは牢獄の中で最もよく発揮されるだろう。（中略）私は働けるが、産業的国家的戦争でつぶされ踏みにじられた人たちのために私たちがしようとしている貧困救援作業よりも、自由のほうが人類にとってずっと大切である。[54]

エバン・トーマスは、良心的兵役拒否者としての「より高き自由」への闘いにおいて、非暴力直接行動を軍営および牢獄で実践した。彼は、あらゆる軍務への拒否に加え、先に触れたように、軍営でのハンガーストライキにも参加した。牢獄では、小宗派で絶対拒否を貫くモロカン派の6人への非人間的扱いを目撃すると、トーマスは労働を拒否した。こうした行為は、彼の責任感から出ていたと言えよう。内なる聖霊への信仰および自身の世界観に応じて生きていくということである。

第II部　小括──信念と市民責任、そして希望

第一次世界大戦は、総力戦であった。それまでは、様々な例外規定のあった徴兵制度も、この20世紀の戦争を境に、対象者の成年男子を例外なく、普遍的に徴ずるようになった。それゆえ、良心的兵役拒否条項が適用された「よく認知された宗教的小宗派あるいは組織の一員」、すなわち歴史的平和教会に属する者以外にも、良心的理由から兵役や戦争を拒否する者が表にあらわれてきた。徴兵制の広がりは、兵役や戦争拒否者の広がりにもつながっていった。

とはいえ、その広がりが、社会や軍での良心的拒否者の思想や行動に対する理解を広げ、深めるものとはならなかった。ひとたび戦争の歯車が回りだした社会にあって、戦争協力は当然の義務となり、社会の圧倒的少数者である良心的戦争拒否者に対する風当たりは、相当なものであった。良心的兵役拒否者の地位を申請するも、ひとたび軍営に入るやその8割がその地位を棄て、通常の（戦闘員）兵士となったことに、社会的圧力の強さが想像できるだろう。また、第6章で見てきたように、軍営にあっては、その圧力は拒否者を死にさえ至らしめるほどの虐待にもなり、多くの絶対拒否者たちを苦しめた。

そうした社会や軍隊での境遇にもかかわらず、良心的兵役・戦争拒否を貫いた人たちを、ここで

はふたつのグループに分けて考察してきた。第7章では、メノナイト派を中心とした平和主義小宗派の戦争抵抗を見てきた。彼らの兵役拒否は、聖書の福音書の字義的な解釈に基づくもので、その行動基準は明快であった。「永遠のいのち」か「永遠の罪責」かの選択にあって、迷いなく神への忠誠を選び、その宗教的信念が、彼らの戦争抵抗を支えていたのである。そこには、非小宗派の戦争拒否者にある個人の道徳的自主性はほとんど見られず、頑なな宗教的信念の強靭さが特徴的であった。

第8章では4人の非小宗派の良心的兵役拒否者について、それぞれの背景を含めて、彼らがどのように良心の自由を主張し、自らの道徳的信念を守り通してきたのか、また、どのように自分たちの責任感を考え、行動に移してきたのかを見てきた。徴兵登録から身体検査に至るまで、そしてひとたび軍営に召集されてからは、軍服の着用から様々な任務の遂行に至るまで、彼らは自身の行為を自らの原理に基づいて正当化しなければならなかった。小宗派の教義や政党に行動基準の判断を仰ぐことはできなかった。彼らはどの小宗派教会にも政党にも属さず、国家への対抗を正当化するためには、それが神によるものであれ、世俗的人道主義であれ、彼ら個人の道徳性だけを頼りにしていた。こうした良心と国家の闘いの中で、彼ら4人の非小宗派の兵役拒否者は、個人と社会の緊張関係、さらに両者のつながりもより明確に浮かび上がらせた。第一次世界大戦時の非小宗派の兵役拒否者の思想と行動を総括するにあたり、主な点を3つ挙げることができる。

第一に、彼らの中にあっては、個別の独立した道徳的判断が顕著であったこと。これまで見てきたように、4人の兵役拒否者のそれぞれが、自らの道徳的信念に基づいて国家の徴兵命令に反対する立場をとってきた。そうした個人の道徳的判断は、社会的配慮や世俗的な権威を超えて固持された。他の非小宗派の良心的兵役拒否者であるロジャー・バルドウィンはこう語る。

ここで政府は、私を〔軍国主義に反対するアメリカ連合や全米自由人権局の〕仕事から引き離し、私が良心からすることのできない仕事をするよう要求してきた。私は単に、私自身の心と精神の平和のために、刑罰のどのような心配よりも、友情や世評の犠牲よりも強力な内なる要求を満たすために、政府の要求を拒否する。（中略）私は、その帰着するところに関わらず、私の前にある道徳的問題をできるかぎりまっすぐに受けとめるだけである。[1]

こうした判断は、著しく独立していた。前に見たように、メノナイト派の兵役拒否者は、軍服を着用しないことを「宗教的義務」であると受けとめていた。それに対し、ローズ奨学生で1919年のフォート・レーベンウォースでの監獄ストライキのリーダーの一人であったカール・ハセラーは、こう宣言する。

軍服を着て集まれという部隊長と中佐の命令に対して意図的に従わなかったのは、（中略）アメリカの世界大戦への参加は不必要であり、この国と人類にとっての益は（あったとしても）疑わしく、アメリカの参戦は、それだけではないにしても大体において連合国とアメリカの商業的帝国主義者の圧力によってもたらされている、という確固とした考えから来ている。[2]

このような際立った独立した個人の道徳的判断は、彼らの絶対拒否の姿勢、たとえば農場賜暇などの代替作業の拒否にも見られる。ジュリウス・アイシェルは、ユダヤ系ではあるが兄弟で非宗教的兵役拒否者となり、調査委員会との面接で自身の見解をこう表明する。

私たち兄弟は、その良心的誠実さを認められながらも賜暇を断った唯一の兵役拒否者ではない。当局との議論で一貫して、私たちは、いかなる状況においても政府あるいはその他の集団に私たちの民間活動が何であるべきかを決定させないことを説明してきた。私たちは私たちの自由を欲するのであって、それに対する譲歩を受け入れることはないであろう。[3]

彼らの独立した姿勢は妥協の余地がなかった。国からすれば、そして少なくとも当時の大多数からすれば、彼ら絶対拒否者は「自己中心的」であった。そしてその決まり文句は、1960年代、70年代のベトナム戦争に至るまで、戦争に反対する異端者についてまわるのである。しかしながら、その倫理的個人主義は、内向きで社会から切り離されたものではなく、また自己救済の手段でもなかった。そうではなく、彼ら自身の責任感に応じて社会に向けられ、社会に関わる個人主義であった。

第二に、彼ら非小宗派良心的兵役拒否者の責任感は、個人的なものであると同時に公民的なものでもあった。一方で独立し個人的な道徳的判断に基づき、他者——外的な権威や友人、家族——に己が行為のあり方を支配されることを拒みつつも、彼らは信念の倫理を固持しながら社会への責任感をも持ち合わせていた。戦争を拒否するだけではなく、よりよい社会への展望を抱いていたのである。絶対拒否の立場をとるにあたりハロルド・グレイは、「私は理念のために闘っているのであって、戦争参加を避けるためにではない。代替作業をすれば戦争参加を避けることはできるのだ。私は人びとに徴兵制の本当の意味を直視してほしいのだ。私はその本質、すなわちそれが人間社会における神の行為への最大の障害であることを見てほしいのだ」と言い、エバン・トーマスは、自身の戦争抵抗を未来の社会の文脈で見ている。「私は、自由のために闘いに立つのであり、私一人だけでなく、来る世代のためにでもある。私の貢献はせいぜいわずかなものであろうが、微力ながらも一石を投じておきたい」と語る。こうした市民社会に関わるような責任感は、「愛国的・政治的兵役拒否者で主に公共的・社会的観点から行動している」と自ら語るカール・ハセラーにも明らかに見られる。

私は、一人の市民としての私の役割を、宣戦布告される前はその戦争に反対すること、そして布告後は勝利なき平和への積極的な活動をし、またその戦争が私の考える性質のものである間はできるかぎり加担しないと決意することと捉えていた。このようにして私は、戦争の早期終結と、この国の将来において似たような戦争の可能性をより少なくすることを望んだ。[4]

こうした市民責任感や社会に向けての働きかけにもかかわらず、彼ら兵役拒否者は、自分たちの異端的な信念と行為が多数派と国家によって決められた施策を変えることはおろか、それに影響を与えるとも思っていなかっただろう。では、何が彼らをして、一見変えることのできないものに挑ませたのだろうか。

第三に、絶対拒否者たちは、人が社会をつくっているという強い想いと希望を抱いていた。社会的現実の構成に関するピーター・バーガーとトーマス・ルックマンの有名な概念をここに適用すれば、社会は、ひとつの客観的現実として、圧倒的なものとして存在し、とりわけ国が戦争をしているときにはなおさらであると考えなければならない。その社会が個人の生きる経験をかたちづくることは否定できない。しかしながら、絶対拒否者たちは、「社会は人間がつくりだしたもの」との考えを固く信じている。[5]この想いは、彼らの異端的な見解と行動が当時の彼らの生きる社会には合わないことを認識しつつも、彼らを支えていくのに十分強いものであった。またこの想いは、軍営や牢獄での様々な体験を通しても、彼らの信念の基盤にあった。エバン・トーマスにすれば、それは「多数派を近づけるために個人は自らの理想に真実に生きなければならない」という「信仰」であった。[6]軍営においてアーネスト・メイヤーは、自身の行為をふり返り、希望にその意味を見出している。

最悪の事態が私の身に起ころうとも――投獄もしくは虐待、こうしたことが私の友人の多くの運命であったが――こうしたことすべては、塹壕で兵士が被る言い表せないような苦痛に比べれば、ほんのかすり傷にすぎないこと、些細な痛みであることを私は理解している。そうした兵士のために身震いし、彼らのためを思っている。そしてもし私がそのようなひどい犠牲は無意味であると確信していないのであれば、私は、みなが背負うべき苦痛を忌避してしまったとの思いで気が動転してしまうだろう。

しかし、実例もしくは行動により、私と兵役拒否仲間が将来、ドイツ軍より強い敵――すなわち、愚かさ――に打ち勝つ方法を示せるかもしれないという希望で、離別による良心の痛みは和らげられる。私は塹壕にいる旧友、アーブ・ウッドやカール・バーガーらのことを考える。もし私が従軍することで本当の真実あるいは正義が達せられるのであれば、彼らのそばにいて、最後まで彼らとともに耐え抜くことはすばらしいことであっただろう。彼らは、自主的に、自由人として、武力以外では正すことのできない悪を百万の人が武器をとることで正すのだと信じて出征しているのだ。私は、自由人として、よくよく考えて別の道を選んだのだ。それぞれの国の百万の人は、世界中すべての銃や毒ガスでより、腕を組みたたんで武器をとらないほうが、平和に向けてより多くのものが達成できると信じて。力は力を生む。憎悪は憎悪を生みだす。今はすべての国で大砲崇拝の犠牲にされている労働者の想像力が、もし新たな宗教によって喚起されるとするならば、誰かがその道筋をつけなければならない。私が願うのは、私たち戦争反対者が現在のようにみじめなほどの少数ではなく、騒々しい群衆で、私たちの存在が世界の隅々にまで響き渡り、すべての人たちは自分の銃を打ち捨て、彼らをだました軍人帝国主義者に仕えるのを拒否することである。私たちは今、あまりにも少数だ。しかし、後には、次の戦争には――というのも、さらなる戦争はいずれやって来る、覚悟しておこう――私たちの仲間は膨大になり（中略）私たちの組みたたんだ腕が絶大な力をもつかもしれない。[7]

およそ半世紀後、メイヤーの希望は実現されはじめる。母校であるウィスコンシン大学において、戦争抵抗者の数は膨大となり、彼らの「組みたたんだ腕」が力をもっていることが明らかになってきた。１９６７年、ウィスコンシン大学の学生たちは、ナパーム弾の製造元であるダウ・ケミカル社のキャンパス内での募集に対して、非暴力直接行動（腕を組みたたんでの座り込み）で、組織し、抗議し、そして阻止した。それは国内におけるベトナム戦争に反対する非暴力での抗議活動の初めのひとつであり、後に全米に広がる反戦抗議活動の先駆けとなったのである。

第Ⅲ部

第二次世界大戦下の良心的戦争拒否者たち

（1940～45年）

アメリカ国内における政治的会話に決まり文句としてよく使われ、また民衆の意識にしっかりと根をおろし、人口に膾炙(かいしゃ)しているかのように見える表現、「いい戦争」（the "good war"）は、第二次世界大戦中には使われていなかった。[1] しかし、日本の真珠湾攻撃後、国民の大多数が戦争をこのような認識で捉えることとなった。1930年代に興隆し組織化された平和運動は崩壊し、先の世界大戦時の著名な平和唱道者や反戦運動のリーダーを含む大勢の人が、枢軸国のファシスト体制に対する連合国の戦争を支持した。たとえば、ノーマン・トーマスは、「私たちが直面しているのは、「ダンテの『神曲』にある」地獄の円の選択なのだが、その最底辺の最悪の地獄は、ナチスの勝利によってもたらされるだろう」と言い、第二次大戦への「高度に批判的な支持」を表明した。[2] 歴史的平和教会の中でさえ、伝統的な平和主義の教義と教会としての戦争や暴力に対する立場は変わらなかったものの、それに属する多数の若者たちは、戦争を支持し、入隊していった。ブレスレン教会の88パーセント以上の青年が、良心的兵役拒否者になるより、戦闘員として軍隊に加わった。また、召集されたクェーカーの75パーセントもが、良心的兵役拒否者になることを拒んだ。平和教会の中で唯一メノナイトだけが、この戦争にその過半数の青年が良心的兵役拒否を表明したのだが、それでも、徴兵された青年の40パーセントが、通常の、すなわち、戦闘員としての軍務に就いたのである。[3]

しかしながら、国民に幅広く支持されたこの戦争にあっても、数少ない非小宗派の平和団体は、その勢いを伸ばしはじめた。友和会（The Fellowship of Reconciliation: FOR）は、1938年には5000人の（年会費を支払っている）正規の会員がいたが、1942年までにはその数が倍増し、1万

500人に、そして、1945年には1万5000人を数えるほどにまでなった。こうした会員の増加は、団体の資金も潤沢にした。1938年に2万9000ドルであった年間収入は、1941年には6万ドルに、そして戦争終結時には10万ドルにまで増加した。また別の非小宗派反戦団体である戦争抵抗者連盟（the War Resisters League: WRL）も、似たような傾向であった。1939年に900人以下の正規会員と5000ドル以下の年間収入であったのが、1945年には、会員は2300人以上になり、収入も2万ドルにまで増えた。[4] 第二次世界大戦のもと大規模な平和運動がつぶれていく中での、こうした逆説的な非小宗派平和団体の伸長について、歴史家のローレンス・ヴィットナーは、「ぶれない平和主義者らの凝集化」だと説明している。戦争支持への社会的な圧力が強まっていただけに、平和主義の立場をよりいっそう固持する者も出はじめていた。また、国の徴兵令と世界大戦への参加が、市民に戦争と平和についての態度表明を迫った。「この時点において、曖昧でいることはできない」と友和会に入会した人が語ったと言われている。[5]

このような「凝集化」は、良心的兵役拒否者の増加にも見られる。第一次世界大戦時には、280万人の召集者からおよそ4000人の良心的兵役拒否者が出た（その割合は0・14パーセント）。第二次世界大戦になると、1000万の召集者から4万3000人が良心的兵役拒否者となる（0・43パーセント）。これは割合で言えば、300パーセントの増大である。この増加には、1940年の兵役法における良心的兵役拒否者のための、より整備され、寄り添った免除条項によるところがあるかもしれない。しかし、獄中にある良心的兵役拒否者の数も増えたのである。第一次大戦では450人だったのが、第二次大戦では6086人となった（召集者全体に占める割合では、0・02パーセントから0・06パーセントへの増加[6]）。

たとえこのような「ぶれない」平和主義団体や良心的兵役拒否者の増加があったとしても、全体からすれば、第一次大戦と同様、ほんの一握りの異端者であった。しかしながら、良心と社会、個人と国家の緊張関係における社会学的視点からは、彼らの思想と行動は貴重な資料となる。圧倒的大多数の人間が国家と社会一般によって規定された義務感に従うとき、ごく少数は、良心に関する問題を吟味していた。個人と国家の、そして良心と社会の衝突が、そこにはあった。第Ⅱ部と同様、ここでも信念の倫理と市民責任の倫理という概念を中心に、この事象の理解を深めていこう。この人気のある戦争に抵抗した人たちは、どのようにして自身の道徳的信念を形成し、表明していったのか。そして、自身の「責任」をどのように、また何を根拠に規定し、行動に移していったのか。

第Ⅲ部では以下、歴史的背景としての第二次大戦下における徴兵制と良心的兵役拒否を概観した後、このふたつの倫理の概念を通して、3つの事例を分析する。まずは、1940年秋（すなわち真珠湾攻撃の1年以上前）にあった、ユニオン神学校の8人の神学生による徴兵制への抵抗。そして、戦時中の（良心的兵役拒否者を集めた）民間公共奉仕活動キャンプからの脱退。最後に、公認の良心的兵役拒否者でありながら民間公共奉仕活動にも参加しなかった者、戦時中徴兵への登録を拒否した者、そして、徴兵登録義務の年齢幅が拡大されたときにその登録を拒否した年長の戦争抵抗者といった、その他の絶対拒否者の事例である。

第9章　第二次世界大戦時の徴兵制と良心的兵役拒否

1940年9月16日、1940年選抜訓練兵役法が施行された。ここに至るまでの数か月間、歴史的平和教会やその他の宗教団体、反戦グループ、市民自由権の組織は、良心的兵役拒否者のためによりよい条項を保証するために、請願や交渉を続けてきた。[1] その条項、兵役法第5項（g）は、こうした宗教、平和主義、市民自由権の諸団体の尽力によって、先の大戦時のものに比べ、よりリベラルな点が含まれている。その一部にはこうある。

この法律のいかなる部分も、宗教的教育と信仰を理由としていかなる形の戦争への参加をも良心的に拒否する者はいずれも、アメリカ合州国陸軍あるいは海軍における戦闘的訓練および軍務に就く義務があると解釈されてはならない。かような良心的拒否で戦闘訓練と軍務からかように免除される者は誰しも、地方徴兵委員会の裁定がなければならないが、陸軍あるいは海軍に召集された場合、大統領によって定められた非戦闘的軍務に就くこと、あるいは、かような非戦闘的軍務への参加にも良心的に反対する者は、かような召集に替えて、民間が指揮する国家的重要作業に就くこととする。[2]（後略）

まず、良心的兵役拒否者として認められるには「よく認知された宗教的小宗派あるいは組織の一員」でなければならなかった第一次大戦時の兵役法の条項とは対照的に、ここでは、良心的兵役拒否者の定義を「宗教的教育と信仰」で戦争に良心的に反対する者に拡大させた。たしかに、平和主義的宗教団体の一員から個人的な「宗教的教育と信仰」への定義の変更が、絶対的にも相対的にも良心的兵役拒否者の数を押し上げたことは間違いない。さらに、第一次大戦時、代替的活動は場当たり的に（1917年選抜兵役法の条項としてではなく、数か月前に施行された農場賜暇法を使った1918年6月1日の陸軍副将令によって）創設されていったが、第二次大戦時には、代替活動は「民間が指揮する国家的重要作業」として兵役法の条項に明記されていた。

このような「より民主的な」条項[3]にもかかわらず、第一次大戦時の良心的兵役拒否者の管理に関する根源的な問題のいくつかは、解決されなかった。たとえば、どれだけ良心的に戦争に反対しようとも、非宗教的な人は、良心的兵役拒否者とは認められなかった。また、宗教人であっても、戦闘的、非戦闘的軍務および代替活動のすべてを拒否できる条項はなかった。第一次大戦下の事例で見てきたように、あるいはその他すべての戦争下にも見られるように、戦争を準備し遂行する国家に対していかなる協力をも拒む者がいる。そのような、非宗教的かつ絶対的拒否の立場は、両世界大戦を通じてイギリスの兵役法の良心的兵役拒否条項では、認められている。このような条項に近づけようと、クェーカーや戦争抵抗者連盟、アメリカ自由人権協会などの団体の代表者が尽力したが、実を結ばなかった[4]。

とはいえ、1940年選抜訓練兵役法の良心的兵役拒否者条項は、1917年のと比べると、より周到に準備され、許容範囲の広いものとなった。兵役拒否者の軍隊営舎への集団入隊は廃止され、第一次大戦時の拒否者が受けてきた虐待や拷問はくり返されることはなかった。この新たな条項は、良心的兵役拒否者のための国と歴史的平和教会との「歴史的な和解」と称賛さえされた[5]。宗教関係者や自由人権団体による条項の許容範囲拡大への尽力があり、妥協点もあったものの、ひとたび兵役法が成立し、施行されると、この兵役法を遵守するよう、多大な期待（そして圧力さえも）が、国はもちろん、平和組織や宗教団体から寄せられた。良心的兵役拒否者としての資格を主張するなら、その者は軍隊にて非戦闘的な任務に就くか、キャンプでの代替奉仕活動に従事せねばならなかった。兵役法のその他すべての必須条件、たとえば登録であるとか身体検査だとかにも従わなければならなかった。兵役法での登録を拒否したある兵役拒否者は、当時の社会の圧力についてこう語っている。

私たちに登録するように説得してきたほとんどの者は、ここは民主主義国であり、兵役法は民主主義的手続きのもと成立したのだから、その法に従うのはわれわれの務めだ、と論じた。彼らすべてが言っていたのは、特にクェーカーの人たちが最も熱心だったが、彼らが代替奉仕活動の条項を確保するのに骨を折ったこと（中略）、そして登録拒否するのなら私たちは彼らの活動のすべてを裏切ることになり、議会での彼らの仲間に対しても彼らの信用を落とすことになるだろう、ということだ[6]。

ここで明らかなのは、登録拒否者によってつくられた緊張関係が、民主主義、法律、そして個人の抵抗と不服従の問題の核心をついていることだ。このことに関して、以下の3つの事例で詳細に考察していきたい。こうした絶対的な拒否者を良心的兵役拒否者全体の中に位置づけるために、第二次大戦下の良心的兵役拒否者一般をもう少し見ていこう。

前に触れたように、この戦争の人気――それはまさに、歴史的平和教会に属する青年の大多数が良心的兵役拒否者とはならずに、しかも戦闘員として軍務に就いた事実にも見られた人気――にもかかわらず、良心的兵役拒否者の数は増加した。先の大戦時では約4000人だったのに対し、今回召集された中からおよそ4万3000人の拒否者が出てきた。その93パーセントは宗教的な理由からの拒否者であった[7]。第一次大戦時同様、良心的兵役拒否者は3つのグループに分けられる。非戦闘員として軍隊に入る者（I－A－O）、代替奉仕活動に従事する者（IV－E）、そして軍務にも奉仕活動にも就くことを拒み、徴兵制度に協力しなかった者（絶対的立場）である。

良心的兵役拒否者のうち最も数が多かったのが、軍隊で非戦闘員となった者である。その数は、推測によると、2万5000人から5万人いたとされる。[8] そのうち大多数のおよそ1万2000人は、セブンスデー・アドベンチストの人たちである。彼らは、自ら直接人を殺めることがなければ、国の戦争活動にはよろこんで協力し、軍務にも就いた。この非戦闘員としての活動において、彼らは良心的拒否と同時に国家に対する忠誠を表明した。実際、アドベンチストの人たちは、自分たちのことを良心的兵役拒否者ではなく、「良心的兵役協力者」であると考えていた。[9] 概して、良心的兵役拒否者の非戦闘員は、軍隊においてうまく機能していた（なかには、戦闘員の命を救ったとして議会名誉のメダルまで与えられる者もいた）。軍隊には医療部隊の人員が必要であり、良心的兵役拒否者と協力者は、その必要性を満たしたのである。[10]

良心的兵役拒否者の第二のグループは、入隊して戦闘員または非戦闘員となることはできないが、民間奉仕活動はできる者で、およそ1万2000人いた。その60パーセント近くが歴史的平和教会出身者で、メノナイトがその中でも圧倒的な数を出した会派であった。[11] 歴史的平和教会出身者が多数を占めたのは、そもそも代替奉仕活動が促進され、良心的兵役拒否条項に保障されたのが、平和教会やその他の団体のおかげであったし、その活動の拠点である民間公共奉仕活動のキャンプは、歴史的平和教会によって管理・運営されていたからである。[12] 奉仕活動は、林野局や土壌保護局、農場保障管理部、埋め立て局などといった政府機関と共同でなされた。なかには、森林火災に対応するために「煙の中に飛び降りる者」となって、命を危険にさらした者もいた。また500人以上が医療や科学研究の「人体実験」に自主参加し、栄養摂取や飢餓の実験に加わったり、肝炎や特異な肺炎、マラリアや虱にかからされたりもした。民間奉仕活動に就いた兵役拒否者の2000人以上は、精神病棟で患者の付添人として働いた。精神病施設での非人間的な状況に衝撃を受けた彼らは、患者に対する非暴力的扱いの方法を編み出していった。精神病施設での彼らの存在と働きはとても効果的であったので、その後の精神病医療の根本的改革につながっていった[13]。

このような社会貢献にもかかわらず、代替奉仕活動は、軍隊内の非戦闘業務ほどうまく機能したとはとても言えなかった。時が経つにつれて、民間公共奉仕活動のキャンプで監督者が抱えきれないほどの問題が出てきたのである。その151ある奉仕活動のキャンプのほとんどは、(あたかも良心的兵役拒否者を人目から遠ざけるように)人里離れた田舎にあった。そこでの「国家的重要作業」とは、往々にして、でっちあげられたものであり、すべて報酬はなかった[14]。より意味のある作業を請願する過程で明らかになったのは、最終的な権限は、兵役局長のルイス・ハーシー少将がもっていることだった。たしかにそれまで、良心的兵役拒否条項にある「民間が指揮する国家的重要作業」ということばや、歴史的平和教会による作業キャンプの管理・運営によって、良心的兵役拒否者には、徴用が選抜兵役局制度の権限でおこなわれていたことがよく認識されていなかったのかもしれない。キャンプでは、怠業やストライキが起こりはじめる。ここから少なくとも230人の兵役拒否者が、第三のグループである絶対拒否者に加わることになる。

絶対拒否者は、ある時点から自分の良心をもとに兵役法に協力を拒んできた者だが、その数はおよそ6000人であった。そのほぼ4分の3である約4400人は、エホバの証人で、いかなる軍務や非軍事作業からも免除される宣教師の例外条項の適用を主張していた。絶対拒否者はすべて、選抜訓練兵役法違反で有罪判決を受け、重罪犯人として牢に入れられていた。政府の統計によれば、違反の種類とその数は、以下の通りである。

1940〜46年　良心的兵役拒否者による兵役法違反の類型

違反の種類	件数
・無登録	271
・質問票の無返送	51
・身体検査の無出頭	71
・召集への無出頭	3721
・国家的重要作業への無出頭	1624
・民間作業就労違反[15]	320
・徴兵忌避への相談と幇助	28
合計	**6086**

出　典：“All conviction for violation of the Selective Service Act involving professed religious or conscientious objection, by types of violations and period from Oct. 16, 1940 to June 30, 1946,” in U.S. Selective Service System, *Conscientious Objection*, I, p. 264の図12より。

たしかに、絶対拒否者の数は、第二次大戦時の良心的兵役拒否者の総数からすると、ごくわずか（約14パーセントかそれ以下）で、3つのグループの中で最少である。しかしながら、最も明確に国家に立ち向かい、その戦争遂行政策に最も妥協のないやり方で抵抗したのは、彼ら絶対拒否者であった。とりわけ戦時中にあっては、彼らの責任感は、社会一般のそれとは明らかに異なるものであった。彼らの義務感もまた、セブンスデー・アドベンチストらの非戦闘員や奉仕活動キャンプにいたメノナイトのものとは異なるものであった。召集されたアメリカの青年の総数が1000万人以上であったことを考えると、この入牢した兵役拒否者の数は、さらにはエホバの証人を除く良心的戦争抵抗者の数は、ほんのわずかであった。しかしここで問われているのは、彼らの信念の倫理と市民責任の倫理である。以下では、3つの事例に即して、良心的戦争抵抗者のこのふたつの倫理の起源に迫っていきたい。

第10章　ユニオン・エイト
――8人の神学生による徴兵登録拒否

１９４０年秋、戦時以外に初めておこなわれようとしている徴兵への登録日のおよそ1週間前、ニューヨークのユニオン神学校の学生の一団が、「徴兵制と登録に関するキリスト教徒の確信」と題する声明を発表した。その冒頭にはこうある。

私たちはユニオン神学校の学生のグループである。熟慮と祈りを重ねた結果、キリスト教徒として私たちは、１９４０年の選抜訓練兵役法に関しては、政府に対していかにも協力すべきでない、との結論に至った。

20人の神学生がこの声明に署名をし、報道関係者に発表し、その写しを家族や友人、政府、教会関係者にも送付した。このことは、メディアに注目され、一般社会からの賛否両論の反応があった。当の神学校や平和団体、そして政府からは、圧力がかけられてきた。数日後、ユニオン神学校の全教員は神学校としての声明を採択する。その中では、「個人またはグループが、己が宗教的信念を貫くために、政府の意思に従うのを拒むことが必要であると認識する」状況は存在すると認めつつも、声明はこう結ぶ。「この20人の若者は、単なる登録を宗教に関するものとして捉えていて、間違っている」。教員たちが強調したのは、この選抜訓練兵役法は良心的兵役拒否の権利を認めていることであった。[2] 代替作業をキャンプでおこなったり、非戦闘員として軍務に就いたりする権利は、平和教会やその他の平和団体、市民自由権団体によって苦労して獲得されたものであった。そうした諸団体は、神学生に法律に従うよう、熱心に説得にあたった。

10月16日は、徴兵登録の日であった。21歳から35歳までのおよそ1400万人の青年が、登録のために列をなした。当時の新聞によれば、第一次大戦下の徴兵で起こったような「徴兵暴動」の兆しさえ見られなかった。かつては、「当時戦時中であっても、国内のいくつかの箇所で、徴兵に反対するデモを力で押さえつけなければならなかった」のであった。しかしながら今回、登録作業は「滞りなく」進み、当局は「大いに満足」した。[3] 神学生は、メディアで取り上げられたにもかかわらず――あるいは取り上げられたからこそ――報道関係者のいない神学校内の別室に用意された登録所へと案内された。20人のうち、12人は登録することにした。残りの8人は共同声明を手渡した。[4] 彼らはすぐさま、翌日に連邦大陪審に出頭するよう、召喚令状を手渡された。

およそ1か月後の11月14日、8人の神学生は、兵役法違反で連邦刑務所に（1年と1日）収監される実刑判決を言い渡された。彼らは神学生として、軍隊に召集されることはなかったであろうし、法のもとに良心的兵役拒否者の地位を得ることもできたであろう。登録のみが、要件であった。判決の下るまでの1か月、政府関係者や選抜兵役局の者、宗教団体のリーダーなどが神学生に、徴兵登録をするよう説得を試みた。裁判所にあっても、収監の直前に至るまで、神学生は、連邦司法局や裁判官その人から登録する機会を与えられた[5]。しかし、彼らは意志を貫き通し、登録より入獄を選んだ。宣教師としての入隊免除を受けることも、国家が規定する良心的兵役拒否者となることも、戦争に反対する彼らの道徳的信念にかなうものではなかった。

彼ら神学生は、兵役法への非協力でもって、どのように倫理的な責任を果たそうとしているのだろうか。彼らが選抜兵役法のもと登録を拒んだ理由を調べてみると、彼ら自身の信念の倫理と市民責任の倫理にその源泉があり、またこのふたつの倫理が果たした役割も浮かび上がってくる。後述するように、とりわけ後者は、個人と社会のつながりを——一方では国家との直接的な対立にもかかわらず——示していることが明らかになる。

「徴兵制と登録に関するキリスト教徒の確信」の中で、神学生たちは、彼らの徴兵抵抗に至る主に4つの考えを述べている。第一に、彼らは「神の意志と調和して」生きることを望んでいる。彼らが理解するところの神の意志に行動を方向づけることで、「神の意志に近づける」とは神学生も考えていなかったが、彼ら自身の「不完全性と過ち」をもって、「キリストを通して神にある愛をより完全に求めつつ」、神の審判に立つ、と考えた。第二に、徴兵制は戦争の制度の一部である、と神学生は認識した。彼らにとって、兵役法を戦争のシステム全体と切り離して考えることは不可能であった。第三に、彼らは戦争のシステムを「社会秩序の邪悪な部分」と考えた。それというのも、「戦争は、キリストを通して神に見られる愛のあり方に反する」からだ。彼らは、戦争にどのようなかたちであれ協力することはできないと確信した。そして第四に、神学生たちは、政府の徴兵に「全体主義的傾向」を見てとった。「私たちの政府が、国民の力は1年間の軍事訓練を要すると主張するのは、全体主義的動きである」と彼らは論じた。こうした考えに基づいて、神学生たちは「必要悪としての戦争と徴兵制」を受け入れることはできないとの結論に至った。もし彼らの行為が国家と衝突するのなら、「私たちは国家に従う前に、自分の良心に従わなければならない」と宣言した。[6]

彼らの声明は、戦争と徴兵の問題に関する絶対的な見解を反映している。妥協できる余地はないだろう——というのも、妥協すれば、「神の意志」にそのぶんだけ真実でなくなるからであり、また、徴兵制が戦争というシステムの一部であり、全体主義的な意味合いをもったものであることに気づいたからには、彼らは兵役法に協力することはできなかった。ここで明らかなのは、一方で、「神の意志」に基づいた神学生の強い道徳的信念は、戦争と徴兵制の問題で彼らに妥協を許さなかったことである。しかし他方で、彼らの姿勢は、第一次大戦下の小宗派の宗教的拒否者の多くがそうであったように、個人の内的な、精神的な救済や、私的な魂の純潔の保持のためだけにあったのではなかった。そうではなく、兵役法に従うことを拒否した彼らの行為には、個人の神に対する道徳的義務とは異なるものへの責任感が見てとれる。この責任感は、神学生が兵役法によって直面せざるをえなかったふたつの問題に対する彼らの見解によく表れている。それは、聖職者兵役免除と、良心的兵役拒否者としての登録である。

聖職者兵役免除は、神学生たちを悩ませた。登録を拒否した8人の神学生の一人であるジョージ・ハウザーは、以前関わっていた活動に照らし合わせて、登録と聖職者免除についてこうふり返っている。

私は、選抜兵役法に登録しなければならないことに深く憂慮した。たしかに登録すれば、神学生として自動的に兵役を免除されるであろうが、それでは、何か責任を回避しているようにしか見えなかった。私はキリスト教平和主義者であった。メソジストの青年運動と共に育ち、大学では、学生キリスト教運動で活動していたのだ。私は、理想主義と楽観主義、そして1930年代の社会活動の産物なのだ。第一次世界大戦は、私にとっては遠い過去のことであり、民主主義のための世界を救うことに悲しいほど失敗した。アメリカがさらなる世界大戦に関わろうとするなんて、考えられなかった。[7]

また別の神学生であるデイビッド・デリンジャーは、聖職者免除を、彼自身が放棄しなければならない「特権」であると考えていた。彼と同年代の青年の多数が、「徴兵されるか、それを拒否して入獄するかの責任を負っていた」とき、彼は、「徴兵制と特権的な免除の両方に」反対していることを表明する方法として、登録を拒否することに決めた。彼にとっては、「異なった出身階層の人たちや宗教的な素養のない人たちが、まずは徴兵の、そして戦争の重荷を背負わなければならないときに、私は特権的な免除は受けたくなかった」。実際、彼と仲間の神学生たちは、「この特別な宗教的な免除に怒り」、免除は「賄賂」だと呼んでいた[8]。最後に、ジョセフ・ベビラッカは、裁判において、神学生としての地位に基づく免除や寛大措置を取りやめるように願い出た。

私たちが神学生であるからには、他の人たちが手にしえない特権をもつべきである、ということにはなりません。私たちは、選ばれた組織の人間や階層の人たちにではなく圧倒的多数の人たちに、すなわち、戦争は全くの悪であり、兵役法のように戦争の方向に踏み出した一歩は、どれほど小さかろうが、まさに初めに断固として反対するべきだと感じるようになった人たちに、自分たちを重ね合わせます。法治社会において私は、人がつくった法令に違反したことは承知していますので、それ相応の刑罰を受けることを覚悟しています。いかなる寛大な措置も請いません[9]。

聖職者兵役免除に対するこのような見解は、神学生たちの道徳的信念の力以上のものを表している。道徳的信念に加えて、彼らの社会的文脈の考慮が見てとれるだろう。先の世界大戦によってもたらされた歴史的文脈や、徴兵制が神学教育や宗教的な背景のない者に対して影響を与える現在の文脈である。要するに、神学生たちは、戦争や徴兵制に反対する信念を、より広範な歴史的、社会的、そして市民的な文脈に置いているのである。そしてそこから、彼らの責任感が生じている。[10]

神学生たちが直面したもう一つの選択は、兵役法の一つの要件である、良心的兵役拒否者としての登録である。彼らの良心的兵役拒否者登録の拒否にも、彼らの信念がより広範な市民的な文脈に置かれていることが表れている。声明の中で、彼らがなぜ良心的兵役拒否者としても登録に反対するのかを説明している。

もし私たちが、たとえ良心的兵役拒否者としてでも、この兵役法のもとで登録したならば、私たちはその法律の一部となってしまう。良心的兵役拒否者として私たちが、兵役法の最も粗悪な非キリスト教的な要件から個人的な免除を受けたとて、私たちが兵役法を遵守し、その保護にあずかるという事実の埋め合わせをすることにはならない。もし警察（あるいは自警団）が私たちを道で尋問したなら、私たちの所持する政府発行の証明書が私たちは「大丈夫」であると示すであろう――私たちはアメリカの軍事化を進める法律に従っているのだから。もしそのことが私たちのキリスト教徒としての良心を傷つけないとしたら、他に何がそれを傷つけるというのだ。[11]

登録された良心的兵役拒否者になるということは、彼らにしてみれば、「アメリカの軍事化」を促進する兵役法の一部となることであった。こうした理由によって、彼らは良心的兵役拒否者として登録することを拒否したのである。登録すれば、軍事システムの要素を認可することになると考えた。この軍事システムの中での彼らの社会的立場への自覚は、まさに神学生が自身の道徳的信念をより広い文脈に置いて捉えていたことを示している。彼らは、彼らなりのやり方で、兵役法の要件への遵守がもたらす意味合いと結果を見通していたのである。

さらには、道徳的信念を社会文脈の中において捉えることは、神学生たちがどのような社会、地域社会を創りだしていきたいのか、と考えを発展させていくことに直接関係していた。ある神学生はこう回想する。

［アメリカフレンズ奉仕団の］クレアランス・ピケットは、私を脇に寄せ、こう語った。もし私が新進の聖職者として兵役免除を受けないのなら、私は徴兵制に登録し、神学校を退学し、良心的兵役拒否者として代替奉仕活動に応募すべきである、と。もし私がそうすれば、彼は私を、創設される良心的兵役拒否者の奉仕キャンプの監督者にしてあげるとも言った。そこで、国内外に見本となるような非暴力の地域共同体のモデルをつくることができるだろう、と。

私にしてみれば、森の中の隔離されたキャンプに平和主義者の仲間たちと語り、黙想し、祈禱するために引きこもるよりも、私が生活し、働きかけていた荒れた地区にできるだけ長くとどまることのほうが、自分の信じる非暴力行動によりかなっていると考えた。ニューアークでは、人種的、階層的な衝突が緊張を高めている中で、私たちは非暴力的に行動していたが、奉仕キャンプの中では、外の世界と接する機会はほとんどない。[12]

ドナルド・ベネディクト、メレディス・ダラス、デイビッド・デリンジャーの3人の神学生は、神学を学ぶ傍ら、ニューアークのスラム街で働き、彼らの宣教を受ける人たちとともにそこに住んでいた。[13] よって、この神学生たちにしてみれば、良心的兵役拒否者として免除を受けることは、彼らの道徳的信念の社会的文脈における理解に反するばかりでなく、彼ら自身の社会に対する責任感に配慮することなく宗教組織、政府当局によって与えられる作業——「国家的重要作業」——につながっていた。結局、彼らが聖職者兵役免除を受けようとも、登録して良心的兵役拒否者になろうとも、それは、「軍事的徴用のシステムの中での特権的な聖域・避難所」に参加していることであった。[14] そして彼らは、この「特権的な聖域・避難所」の中においては、自らの市民責任を果たすことはできない、と考えたのである。

刑務所では、彼らは良心の囚人と捉えられ、他の囚人たちとうまく交わっていったが、当局が彼らの正義感と道徳的信念を侵したときには、ことばと行動において、そのことを知らしめた。神学生の中には、食事時間中や土曜夜の映画の時間に黒人の囚人と共に座ったとして独房監禁室に入れられた者もあり、またある神学生は、自身の人間性が侵されたと判断したときに刑務所の指示を拒み、「穴倉」(“the Hole”)と呼ばれていた懲戒的な地下牢につながれていた。[15] 自分自身で行動するのに加え、神学生たちは、人種隔離やその他の刑務所のきまりに共同で抗議したり、刑務所長や首都ワシントンの刑務局長にしばしば要望を伝えたりした。

1941年4月、刑務所内の神学生とその他の戦争抵抗者たちは、1934年から全米で開かれていた毎年恒例の反戦学生ストライキに連帯し、一日ストを決行しようとした。その声明には、「この全米の学生のストは重要である。それも、アメリカの戦争政策に対する非暴力での反対表明だからだ」とある。[16] ある神学生はこう回想する。

刑務所にいることが、この毎年恒例の行事への協力の妨げになってはならない。私は、私たちのグループが同意したこと、すなわち4月23日には私たちは作業をやめ、一日中断食をし瞑想すること、を書き出した。この行為は、戦争のない世界をつくるために自らを捧げようと意図するものであって、刑務所当局への反抗と誤って解釈されてはならない、と説明した。[17]

しかしながら、刑務所当局は、前日にストを弾圧し、8人の神学生および参加しようとしていたその他の囚人を独房監禁室に閉じ込めた。刑務所内での彼らの人種差別待遇廃止や戦争反対の行動のほとんどは、刑務所側によって抑えられ、彼らは監禁されたが、彼らの意図と行動はより広範な社会の文脈へと向けられていた（後に見るように、刑務所における人種隔離の廃止は、良心的兵役拒否者の主導による大規模な刑務所ストにより、数年後に実現されることになる）。それは、それぞれの個人を尊厳でもって等しく遇することや、「戦争のない世界」をつくることに向けてであった。このような理想や目標に向かって実際に行動することによって、神学生たちは、市民責任の倫理を形に表そうとしていた。

神学生たちの登録拒否や刑務所内での抗議活動は、世論にも、そしてユニオン神学校の著名な教員であったラインホルド・ニーバーにも歓迎されなかったが、それを公に支持する声もあった[18]。当時友和会の事務局長であったA. J. マスティは、8人の神学生それぞれに支援の手紙を書き、彼が徴兵登録日に、先の大戦での絶対拒否者であったエバン・トーマスと連名で公表した声明を同封した。その手紙でマスティは語っている。

私たちは、愛国的でキリスト教的なおこないは徴兵登録をしないことであるとの結論に至った人たちと連帯したい。それが国と教会の健やかな状態にとって、そして平和と民主主義、真の宗教の主張にとって、純粋にためになるものであると認められる時が来ることを信じている[19]。

彼はさらに神学生たちの道徳的一貫性を称賛している。「道徳世界においては、人が己が信念に揺らぎなく立ち、それをもとに行動するとき、よきことが常に結果として現れる[20]」。これは、神学生たちがもっていた信念の倫理を明瞭に表している。裁判の後、刑務所に向かう途中、神学生の一人は、「自分がキリスト教徒の証と捉える立ち位置を固持し、国家の力に屈させる圧力に耐えたことで、ある種の高揚感をもった」と回想する。[21] しかし同時に、そのような道徳的信念の追求は、盲目的で孤立した、自己中心的なものではなかった。それとは反対に、より広範な市民責任の文脈において見られていた。マスティとトーマスは書いている。

平和主義には、たしかに戦争に対する否定的な反対以上のものがあると信じている。それは、肯定的な生き方なのである。もちろん、平和主義は、肉体的なものでも精神的なものでも暴力を常に拒否する。平和主義者は、戦時中に直面するひどい問題や困難に取り組む政府や官僚に同情するし、己が良心を侵さない法律をみだりに破ることはない。（中略）しかし、ひとたび国が戦争を開始するか、またはその方向に確実に進んでいく際に、すべての平和主義者の使命は、政治的な領域から身を引き、実質的な沈黙の誓いを立て、そして政府が異を唱えないような、よって政府が全力を戦争にそそぐことができる自由を残しておくような、改良的な活動のみに従事することであるとは思わない。平和主義うんぬん以前に、そうすることは、民主主義における市民の側の務めを放棄することにしか見えないし、これは危険な兆候だ。[22]

神学生は「民主主義における市民の側の務め」を登録拒否に見出しており、それは「聖書と同じほど古く、インドのガンジーによって主導されている独立運動と同じほど新しい立場である、政府のおこないに抗議の反対を示す非暴力市民的不服従」であった。[23] そのような市民責任感でもって、彼らは社会に――すなわち、来るべきよりよい社会に向けて――行動していった。神学生たちは、徴兵制と登録に関する彼らの声明を次のようなことばで結んでいる。

私たちは、アメリカの民衆が悪意をもって戦争という危険な道を選んだと主張するのではない。非常に困惑した状況の中で、民衆は想像力と宗教的信仰、異なる方法で対処する前例を欠いているのだ。だからこそなおさら、この国において、そして世界中で、軍国主義とファシズムの侵食に非暴力で対抗する術を準備しているグループをつくることが緊急に求められているのである。(中略)私たちは、今日、戦争の力をせき止められるとは思わない。しかし、私たちは、将来克服できるような運動をつくろうとしているのだ。[24]

要約すると、8人のユニオン神学校の神学生は、彼ら独自のやり方で、戦争の制度に抵抗した。戦争への良心的拒否の数ある方法の中で、徴兵への登録の拒否は、最も妥協のない立場であり、市民の社会に対する責任の問題にあらためて一石を投ずることになる。彼ら神学生の揺るぎのない信念の倫理が、彼らに登録をさせなかった。「神の意志」とキリスト教平和主義への信仰に根ざした彼らの信念は、ユニオン神学校や神学者そして平和主義の団体からの圧力に屈しなかった。彼らの信念の倫理は、また一方で、彼らの市民責任の倫理とともにあった。神学生たちは、聖職者兵役免除を受け入れなかった。免除を受けることとは、戦争と徴兵に対する彼らの明確な反対姿勢を曇らせるものであったし、また、その免除は一般の人には得られない特権に見え、その特権によって戦争と徴兵の荷が一般の人たちに移されていると考えたのであった。この点に関して、エホバの証人たちとの比較は興味深い。第二次世界大戦中、刑務所にいた良心的兵役拒否者の4分の3を占めたエホバの証人たちが入獄していたのは、自らの聖職者兵役免除を主張し、国に認められなかったからであった。ユニオン神学生たちの聖職者兵役免除拒否は、より広範な社会に向けての想いがあったからだし、そこには彼らの市民責任の倫理の認識があった。さらに、民間奉仕活動キャンプでの作業に従事する良心的兵役拒否者となる法的な選択肢を拒むにあたり、神学生たちは、代替作業は自分たちが創りたいと望むような社会のための自分たちの関わりの「証」にならない、と論じた。彼らにとって理想社会は、たとえそれが非軍事的な「国家的重要作業」を提供しようとも、徴兵や徴用制度とは無縁であり、そうした理想社会に近づくことに彼らは大きな責任感をもっていた。

第11章　民間公共奉仕からの離脱
──「共に二里」ゆくことを拒んで

民間公共奉仕活動は、良心的兵役拒否者に非軍事的な代替作業を提供するために、政府や歴史的平和教会、そしてその他の平和団体、自由市民権団体の善意でもって始められた。青年を動員する国家的必要性と、良心や宗教の自由との繊細なバランスをとるためであった。あるクェーカー組織のリーダーはこう回想する。「私たちはジレンマの中にあった。徴兵制には反対であったが、わが国がとるいかなる徴兵政策も、良心的兵役拒否者の扱いにおいてできるかぎりの進展が見られるべきだと考えていた[1]」。妥協はしなければならなかったものの、兵役法が施行されると、だいたいの平和団体は、民間公共奉仕が「とりうる最善の代替策」であると受け入れた[2]。歴史的平和教会は、奉仕活動を「平和主義的理念の積極的性質を表し、自国民の戦争的行為を単に批判するのではなく、平和な世界のモデルとなるような『よき地域社会』をつくる機会」と捉えた[3]。徴兵登録拒否を公に宣言していたA．J．マスティは、友和会の事務局長として民間奉仕活動の初期の支持者であったが、こう論じた。平和主義の責任は、「キリストの名において、『戦争はとるべき道ではない』と世界に訴えるだけでなく、『これが道である、これを歩め』と示すことである」[4]。

しかしながら、国が第二次世界大戦に参戦し、戦闘が長引くや、選抜兵役局が民間公共奉仕活動に対して力をもち、統制した。代替作業の要件は制限され、より軍事的な色彩を帯びてくるようになった[5]。選抜兵役局のフランクリン・マクリーン中佐は、1942年の内部文書でこう語っている。

奉仕活動キャンプに入ってから活動を終了するまで、当人は選抜兵役局局長の統制下にある。自由な責任主体であることは停止され、奉仕キャンプの内外において、一日24時間、常に、説明責任が求められている。当人の動き、行動、ふるまいは、統制と規制の対象となる。ある種の権利を放棄することによって、その代わりに特権が与えられているのだ。この特権は、懲罰時、緊急時、あるいは規定によって、当人の賛意や同意なしに、制限あるいは停止されうる。当人は、いつ、どのように作業するのか、何を着るのか、どこで寝るのかを指示されうる。医療実験や処置に服したり、健康衛生のきまりに従わなければならないことがある。当人の感情や希望とは関係なく、政府の都合により、外国をも含めたキャンプから他のキャンプに移り、ある奉仕活動から別の活動へと変更することもある[6]。

奉仕活動キャンプにおける「国家的重要作業」は、だいたいにおいて、名ばかりで、実質のないものであることが明らかになってくる。ある兵役拒否者によると、作業は、「意味のない、お決まりの労働で、目標もなかった。創意工夫を殺し、才能を生かすも何もなかった」。また、別の拒否者はこう問いかける。「世界の人たちが実際的な本当の援助を喉から手が出るほどに必要としているときに、そしてそうした援助を私たちも与えたいのに、来る日も来る日も山の手入れをして、どうやって私たちは満足できるのだろうか[7]」。このような状況で、歴史的平和教会や平和団体の善意や理想主義を信じて代替作業に従事する良心的兵役拒否者たちの中から、割り当てられた作業に抗議する者も出はじめ、なかには、「戦争遂行国家に自分たちを人質として売り渡した」と歴史的平和教会を責める者もいた[8]。「国家的重要作業」への創意工夫は抑えられたゆえ、作業活動キャンプにいる良心的拒否者たちは、自分たちの代替作業が国家によって指揮管理されている徴用労働であると理解しはじめた。これが徴兵制の一部であるという事実が、明らかになってきたのだ[9]。怠業や作業スト、労働拒否など様々なかたちの抵抗がそれに続き、そうした抵抗は全米中の作業キャンプに広まっていった。

「奉仕の動機」と「抵抗の動機」

この代替作業に携わった者たちほど、「奉仕」と「抵抗」のふたつの動機の板挟みになった良心的兵役拒否者は他になかったであろう。ムルフォード・シブレイとフィリップ・ジェイコブによると、「奉仕の動機」の面では民間作業は「宗教的な衝動の適切な表現であり、ある種の奉仕（軍事）

は辞退するものの、惜しみなく労働を提供することによってそうした拒否する姿勢の埋め合わせをするもの」である。その「奉仕の動機」においては、作業が徴兵制のもと強制されておこなわれるかは、主たる問題ではなかった。というのも、「必要以上に働いてその作業を自分のものとすることによって、個人がその強制性を中和し克服することができるからだ」[10]。よって、彼らは「二里」行くのである[11]。労働と他者への奉仕を通して、この「奉仕の動機」をもつ良心的兵役拒否者は、自分たちの誠意の証を示すことができると考えた。一方で、「抵抗の動機」は、自由や市民的権利、社会・政治的制度の変革を伴うものであった。「制度というのは変革できるもの」と考え、「戦争への反対は、変革のひとつの手段であり、国家には良心的兵役拒否の権利を拒んだり、ある特定の奉仕活動の要件を設定する道徳的な権利はない」とする[12]。これらふたつの動機の方向性は、一方では小宗派宗教の兵役拒否者のより強い「奉仕の動機」に、もう一方では社会・政治的兵役拒否者のより声を大にした「抵抗の動機」に見られる。しかし、民間公共奉仕活動のキャンプにいた良心的兵役拒否者の多くは、両方の動機をもち、それぞれに従って行動するのに苦労していた。

「奉仕の動機」と「抵抗の動機」に似た二分法は、当時多くの平和団体にも見られた。奉仕や復興に「積極的」な立場と、抗議や拒否の「消極的」な立場である。歴史的平和教会の指導者たちは、とりわけ戦時に、前者を推し、「憎悪の世界での愛への道の証として、戦争への『否定的』な反対ではなく、平和主義のプログラムの『積極的』な部分」を奨励した[13]。民間公共奉仕活動キャンプから離脱した多くの良心的兵役拒否者は、初めに「積極的」な立場をとり、「奉仕の動機」に満ちて作業キャンプに入っていった。しかし、民間公共奉仕活動キャンプでの経験が、彼らの動機を変えていく。ここでは、彼らがどのように「積極的」な奉仕の限界を認識し、「抵抗の動機」に変わっていったのかを考察してみよう。その際に、キャンプから離脱した兵役拒否者の信念の倫理と、変わりゆく市民責任感の果たした役割に焦点を当てていく。

民間公共奉仕活動は、その創設から2年ほど後には、多くの良心的兵役拒否者をキャンプの「国家的重要作業」に従事させる説得力を、もはや持ち合わせていなかった。1942年以降、そうすることが法を破ることであり、刑務所に入ることを知りつつキャンプを離脱した良心的兵役拒否者の数は、増えはじめた。たとえば報酬や扶養家族への政府の支援の欠如、民間公共奉仕活動の管理に対する選抜兵役局の引き締めとさらなる統制などの広く共有された懸念や不満の中でも、とりわけ労働作業の性質そのものが、兵役拒否者たちの「奉仕の動機」を「抵抗の動機」に変えていった。教会や国から宣伝されたこの「国家的重要作業」が、彼らの社会奉仕への能力とやる気を不十分なかたちでしか満たさない中で、彼らの責任感との衝突は不可避であった。

ある奉仕キャンプの人たちは、民間公共奉仕のプログラムの様々な問題を挙げ、なかでも、割り当てられた作業の性質が奉仕プログラムの「最大の欠点」であると批判した。「その作業は、社会的重要性のほとんどないもので、『神の王国』を建設すべく全力を惜しまないと良心から感じている平和主義者にとっては、満足のいくものではなかった。多くの場合、キャンプに入った人たちを忙しくさせるだけの仕事はなく、結果として、「やらせ」や「つまらない」仕事であった。[14]アーサー・ドールは、徴兵委員会が彼に認めた非戦闘員としての良心的兵役拒否の資格（1－A－O）を拒否して入獄していたが、後に民間公共奉仕キャンプに仮釈放され、そこでの労働と奉仕キャンプでの失望をこうふり返る。

5～6か月の後、木を切り倒していくのに少し飽きてきた。国家資源計画委員会が特に私たちがやっていたような作業の必要性に反対していたことを思い出すたびに、私の熱意は低下していった。また、［代替作業に従事する良心的兵役拒否者である］4－Eの資格が、国外の復興や援助に加わるため国を離れることを許さなかったことも士気を下げた。自己犠牲というような甘言では、弁護士が排泄物を清掃したり、優れた経済学者が皿洗いをしたり、音楽家が気ちがいと格闘したり、言語学者が木を切り倒したりしているのを見るたびに私が抱いた嫌悪感をなだめることはできなかった。(15)

主に田舎での森林管理に限られていた「国家的重要作業」に、多くの良心的兵役拒否者は、自分たちの専門の能力や教育が活かされることなく無駄になっていると感じていた。ある兵役拒否者は、彼に与えられた作業は「生産的というより懲罰的であり、この期間、単に私を拘束するだけのもの」だと不満を述べた。(16) また他の拒否者は、奉仕キャンプを離脱し、裁判での文書でいきさつをこう説明している。

2年間にわたり、私が民間公共奉仕キャンプで与えられた作業のすべては、いくつかの個別の例外はあったものの、国家の、そして世界の切迫した必要性とは関わりのないものでした。したがって、私は民間公共奉仕に見切りをつけ、他に奉仕の機会を探し求めています。私は、芸術家としての私の仕事を通して一番よく社会に貢献できると思っています。絵を描きたいし、絵画を教えもしたいです。こうした活動を通して、たとえば、低所得者用住居の仕事において非特権階層の子どもたちの生活を豊かにできるでしょう。私の専門的訓練が活かされないのであれば、せめて私ができるかぎりどんなものでも社会的に必要な仕事がしたいと思っています。もし裁判所が私に自由社会でさらなる奉仕活動をさせないのであれば、刑務所であっても、私が離脱せざるをえなかった民間公共奉仕のプログラムよりは、人間としての必要性に奉仕するよりよい機会があるとの私の確信に従うほかないでしょう[17]。

選抜兵役局によって一方的に決められ、与えられるキャンプでの作業により、良心的兵役拒否者は、自分たちの責任感についてより敏感になった。このルイス・テイラーのことばにうなずく兵役拒否者は多くいたであろう——「この民間公共奉仕のプログラムは、そもそも私たちをここに来させた社会的責任を全うすることを許さなかった[18]」。デイビッド・ニュートンは、2年半奉仕キャンプにいて、作業後の意義のある教育の経験や「多くの立派な人たち」との交わりを評価しつつも、こう述べている。「何の興味もなく、また自分で選んだわけでもない仕事を毎日こなしていく中で、自他ともに仕事の質が低下し、生活習慣が荒れていった。このような状況で、何人もの人が感情的にバランスを保てない深刻な状態になっていたのを見てきた」。彼は、民間公共奉仕は彼の責任感を発揮する場を与えず、そのような場は他にあることを悟った。「新たな、よりよい社会がつくられるならば、それは個人の責任と創意工夫、そして道徳に基づくものであろう。（中略）憤りからではなく、私がその新たな社会に最もよく貢献できる道を探る誠実な欲求をもとに、私は、徴兵制度に協力するのをやめるつもりだ[19]」

しかし、民間公共奉仕に協力している者の視点からすれば、そのような良心的拒否を民間公共奉仕作業にまで拡大させることは、「過度に批判的」で「社会的に否定的」なものに見えた。

何人かの人にとって、生活の基調を友好や協力ではなく拒否で貫くことは、誘惑である。（中略）成熟した民間公共奉仕に携わる市民は、「民間公共奉仕作業は民間の監督が不十分で、仕事も常に重要なものでもないことはわかっているが、団結されていない世界に、意見の相違にもかかわらず団結できることを示すために、私は、キャンプの人間の大多数が共通の決定を下すまで、民間公共奉仕キャンプに残るつもりだ」と言うであろう[20]。

この「成熟した民間公共奉仕に携わる市民」は、民間公共奉仕プログラムが教会と国家の価値観の適切な調整を経てきているがゆえに、それを尊重する。暴力ではなく奉仕、そして非軍事的作業は、キリスト教平和主義の伝統に由来している。また、国家は、「その統制がたとえ受け入れがたく、不正義の側面があったとしても、市民の生活をいくらか統制する権利を有する」と考える。ここでは、個人の犠牲が、奉仕キャンプにおける理不尽な作業に耐える見えない動機になっていて、それは同時に「軍隊にいる多くの誠実な青年の大きな犠牲に感謝するもの」となっている[21]。

徴用制度と市民責任

しかしながら、民間公共奉仕作業を離脱した兵役拒否者にとって、奉仕キャンプにおける教会の監督を通した選抜兵役局の統制は、個人の能力、才能、創意工夫を否定することで彼らの責任感を抑圧するものであった。そしてそれが、「感情の不安定」や「性格分裂」まで引き起こすことになった。社会的に重要なことの実践・奉仕が許されない制度のもとで、民間公共奉仕キャンプに多くの良心的兵役拒否者を導いていった「奉仕の動機」は、その不法性にもかかわらず「抵抗の動機」に変化していった。奉仕キャンプに2年半いた後に離脱したデニー・ウィルチャーは、こう語る。

私たちは、この戦争で私たち自身の権利や資格に関してあまりにも長く考えすぎてきた。普通に考えて明らかに「積極的」な仕事をする機会がない中、今や、私にとってより有効な行動は、一般的な判断では完全な「否定主義」と言われるもの、すなわち徴兵制を拒否することによって得られる、すべての人の戦争と徴兵制からの自由という絶対的な権利の証人となることである。

兵役を拒否できる機会をつくってくれたことは、民間公共奉仕プログラム唯一の正当な性質である。（中略）しかし奉仕プログラムは、私に無責任の自由を与えた。これは、受け入れることはできない。シエラ山脈山奥の新鮮な空気と荘厳な眺めの中で、人は自由ではない。人が自由になるのは、自分の人生を最大限の効率でもって社会秩序の復興に、そして人びとを神に向かわせることに貢献する機会をもったときだけだ。人は、すべての人が自由であるときに初めて自由となる。[22]

彼らの責任感は、不法であろうとも、民間公共奉仕を越えて社会への貢献のあり方を模索させている。彼らは、個人の責任は個人の「創意工夫と道徳」と切り離すことのできないものと捉え、民間公共奉仕活動が、地域社会に向いた彼らの責任の倫理を助長するどころか、妨げていることに気づいた。彼らが認識するところの社会的重要性と道徳的正しさに基づき、この責任の倫理は、彼ら個人の道徳的自由を制限するような規範と、さらには法律とも衝突したのである。民間公共奉仕は徴兵・徴用の本質をあらわにした、と彼らは論じ、このかぎりにおいて、離脱した者にはこの対立・

衝突は明らかなものであった。

民間公共奉仕は、戦争参加にだけ反対する者にとっては、受け入れられるものかもしれない。彼らは、それが重要であろうとなかろうと、非軍事的作業に携われるのだから。しかし、戦争だけでなく徴兵制にも異を唱える者には、その反対の意思が行動でもって裏づけられなければならなかった。民間公共奉仕キャンプから離脱した良心的兵役拒否者は、奉仕キャンプ自体が個人の尊厳を侵す徴用の一形態であると悟った。奉仕キャンプを離脱するにあたり、フランシス・ベイツは、選抜兵役局局長のハーシー将官にメッセージを残した。「徴集制度は根源的に邪悪で間違ったものであり、私はこれ以上、協力すること、あるいはその支配下にいることはできません。徴集は、人の権利を侵し、神に与えられた天職を妨げ、自主的な行為の利点や効果を奪い、人を奴隷にします」[23]。民間公共奉仕制度からの離反を宣言した別の兵役拒否者は、「社会益に資する職業の選択の自由、またその仕事に対する対価・報酬は拒否された。それも、私がこれ以上協力することができないこうした非自主的な隷属状態があるからだ。私は離脱しなければならない」と述べた。さらに彼は、民間公共奉仕における徴用の性質と彼自身の自由との対立を強調し、次のように続ける。

本質的に軍事徴兵制度の一部である徴用のプログラムを改良しようとしても、無駄である。民間公共奉仕がこの制度、すなわち全面戦争を可能にしている制度の一部であることが誰の頭にもあるということに、一抹の疑念があるだろうか。（中略）私が徴兵・徴用に反対していると効果的に示す唯一の方法は、参加をやめ、その結果責任を負うことである。私が正しいと考える行為で刑務所に入れられる可能性はかなり高いが、もはや奴隷制で奉仕することはできない。[24]

アーサー・ドールは、民間公共奉仕に隠れた徴兵の精神を見出し、自由、とりわけ戦争に反対する自由と対比させている。

私の「自由」への叫びに対する反応は、よく承知している。戦争ではないか、と人は言う。ヒトラー！　真珠湾！　もし戦えないのなら、民主的な意思に従って、君の教会が支持した国家的重要作業に従事しなければならない。私はこう返す。それは貧弱でバカげた取引だ。私たちは今すぐにでも離脱すべきだ。民間公共奉仕に従事しているものの中には、かなり重要な作業をしている者もあろう――しかしどのような対価を払ってしているのか。彼らは自身の自由を失っているのだ。彼らは戦争に反対する者として自分たちを無力にしているのだ。[25]

ドナルド・レーマンにとっては、民間公共奉仕の徴用制度は、宗教の自由に制限をかけるものとして個人を脅かしている。

徴兵・徴用制度の侵食性の最初の兆しのひとつは、宗教の自由にかけられる制限である。教会からの抗議もなく、国家は精神の領域を侵し、良心の自由の定義を国家が定める。この定義によれば、個人が戦争に参加するのに良心的に反対するのは許容されるが、仮に宗教が徴兵制に良心的に反対するように個人を導くものであれば、その結末は入獄である。こうして国家が人の宗教性を決定することを許されているとき、これを宗教の自由と呼ぶのは、茶番である！（中略）問題は根源的である。この時点において、究極的な権威を国家がもっているのか、それとも自分の良心がもっているのか、決めなければならない[26]。

彼はまた主張する。「民主主義が生き残るには、市民が社会的に有益であると信じた方向で働くのを妨げるほどにその生活を指示・命令する力を国家にもたせてはならない[27]」。民間公共奉仕における徴用問題が明確になるにつれ、良心的兵役拒否者の道徳的自由は――個の尊厳や反戦の自由、そして良心の自由を守るために――民間公共奉仕制度からの離脱につながっていった。彼らにすれば、良心的に反対する権利は、戦争や暴力に対してだけではなく、個人の道徳的自由や責任の倫理を封殺するような徴用制度に対するものも含むのであり、その権利が問題であった。

たとえばユニオン神学校の8人の神学生のような徴兵登録拒否者とは異なり、民間公共奉仕離脱者は、その徴用の性質が垣間見られるにせよ、民間公共奉仕のための徴用に初めは応じてきた。それは、登録時やキャンプ召集時には、「奉仕の動機」が「抵抗の動機」を上回っていたからであろう。それはまた、彼らが選んだ妥協でもあった。1940年に登録したデイビッド・ニュートンは、次のように回想する。

私は、徴兵登録することによる妥協の問題に関しては、かなりの懸念があった。今もそうであるが、当時も、徴用は、国家が戦争をおこなうための人員を確保するということの他に、人の天職の中核的な権利を否定するものに見えた。しかし当時私は、クェーカーの民間公共奉仕の準備にいくらか関わっていたこともあり、また、この制度がどのようなことを達成できるのか希望を抱いていたので、登録をした。[28]

別の兵役拒否者がつくったことばを使えば、この徴兵登録は、「技術的な妥協」であって、それは民主主義的な過程に必要なものであり、「敗北の容認」である「理念の妥協」と対比される。[29]しかし、民間公共奉仕に数年間従事した後、ドナルド・レーマンは、「民間公共奉仕の徴用的な生活パターンに居つづけることは、私の考えでは、自分の〔平和への〕証を弱めるほど大きな妥協である」と主張した。[30]「技術的な妥協」から「理念の妥協」への、ほとんど気づかないほどの緩やかな変化に、民間公共奉仕に従事する多くの良心的兵役拒否者は、不安を抱いていたに違いない。もっとも、「奉仕・犠牲の動機」を宗教的に確信し、忠実に守っていた者は除いてだが。レーマンは、民間公共奉仕に従事する者と民間公共奉仕を離脱した者の違いについて、妥協の度合いに触れながら説明している。

民間公共奉仕に携わる者は、暴力の方法と、ほとんどの場合、徴兵・徴用にも反対している。しかし、彼らは、徴用に関しては、必要な妥協として受け入れるだろう。そうすることで社会と通じることができるし、内側から徴用制度に反対することもできる。民間公共奉仕を離脱する者は、徴用制度を甚大な社会的脅威と捉え、民間公共奉仕の中でできることよりも活発な行動が必要だと考えている。離脱する者は、制度への妥協は、増大するファシズムに対する彼の抗議を、もはや効果的でなくなるほどにまで弱めてしまう、と信じている。彼にすれば、離脱は重要課題に直面するための積極的な直接行動のひとつである。彼は、刑務所を、選抜兵役局が提供する別の代替作業所ではなく、国家が市民の道徳的な問題に対して決定する権利、また、軍隊に範をとった宗教の自由を押しつける権利を彼が認めないことへの罰だと受けとめていた[31]。

ある意味、彼らの市民的責任感が、彼ら良心的兵役拒否者をして民間公共奉仕キャンプに集わせたと言えるだろう。しかしひとたび民間公共奉仕制度のもつ徴用性が彼らの責任感を制限していることがわかると、兵役拒否者は自身の責任感の一貫性を守るために、そこから離脱しなければならなかった。明らかに、彼らの市民責任の倫理は、信念の倫理に強くつながっていた。彼らは、社会的に重要な仕事、彼らの能力と望みを満たし自己裁量でできる仕事、彼らが認識する社会的に重要で道徳的にも正しい仕事を求めていた。しかし、民間公共奉仕は、予想外に、彼らの責任感を封じ込めてきた。そうした制度から離脱することによって、兵役拒否者たちは、戦争と徴兵・徴用制度に反対するだけでなく、「肯定的」な奉仕と「否定的」な拒否という一般的な（少なくとも平和教会や平和団体の）見方に対しても挑戦した。彼らは、自身の抵抗によって、非暴力直接行動によって、社会への肯定的な貢献の意味を再定義しようとしたのではないだろうか。その過程で、彼らは、自身の能力の最善を尽くして、そして市民責任の倫理でもって社会に奉仕していると考えていた。

第12章　戦争絶対拒否者たち
――良心の自由のための非暴力直接行動

これまで見てきた、ユニオン神学校神学生の徴兵登録拒否や民間公共奉仕離脱の事例では、戦争や徴兵制に対する非暴力抵抗がどのように信念と市民責任との働きかけの中で生まれてきたのかに注目してきた。両事例の中で兵役拒否者たちは、良心の自由に基づいて彼らの道徳的信念を表明してきた。そしてその信念が、社会に対する貢献・奉仕に意味を与え、行動の源となってきた。良心の自由、あるいは道徳的領域での自由が、彼らの市民責任を構成するうえでも、また、国家の戦争政策に反対するうえでも重要なものとなった。彼らが徴兵制への協力を拒否したのも、徴兵制が彼らの市民責任の自由な行使を妨げ、かつ、彼らの平和主義の理念とは相反するものだからであった。こうした信念が、彼らを抵抗の行動に導き、そしてその抵抗の中で、彼らは社会における市民・公民的価値への積極的貢献を認識し、また一方で、その抵抗が彼らの信念の倫理を再確認したのであった。

このような信念の倫理と市民責任の倫理の相互的なつながりは、その他の絶対拒否者、たとえば良心的兵役拒否を申請し代替作業を認められたものの、作業キャンプに出頭しなかった者、戦時中に徴兵登録を拒否した者、または徴兵登録義務が彼らの年齢にまで拡大されたときに登録拒否した年配の戦争抵抗者たち、にも見られる。ここでは、手短にこうした絶対拒否者について見ていこう。

奉仕キャンプ出頭拒否

民間公共奉仕キャンプを離脱した数のおよそ5倍の良心的兵役拒否者が、奉仕キャンプに入ることを拒否していた。彼らは良心的兵役拒否者として申請し、代替民間作業を伴う兵役拒否者としての資格は認められていた。しかし、彼らは奉仕キャンプよりは、刑務所に入ることを決意する。こうした判断の背景には、彼らの市民責任の認識と理解が存在する。アーネスト・スミスは、兵役法違反の裁判に出る前に、友人への手紙の中でこう書いている。

選抜兵役局によって私は、誠実な良心的戦争拒否者だと判断され、4－E〔代替作業〕の資格を与えられた。そのような資格を与えられた者の任務は、選抜兵役法のもとで「国家的重要作業」と決められたものに従事することだが、実際には、民間公共奉仕キャンプ内での限られた作業である。多くの良心的兵役拒否者にとって、こうした奉仕キャンプは良心の自由も重要作業もない所なので、1943年4月1日に民間公共奉仕キャンプに出頭することを拒否する必要があると判断した。[1]

この手紙の添付書類に、彼は自分の行動の動機について、「同胞への奉仕、そしてこの奉仕は根源的な人間の必要性に応える活動の場でおこなわれるべきであるし、また、私自身や他にそのように考える者の能力がいくらかでも発揮できるものであるべきだ」との考えから来ている、と書いている。そしてこう付け加えている。「私と民間公共奉仕キャンプや刑務所にいる他の多くの者には、民間公共奉仕における不公正で反民主主義的な拘束に制限されずに社会奉仕をする意志と熱意がある」。ここで明らかなのは、彼の市民責任は、キャンプの中で国によって規定された「国家的重要作業」という狭いものを超え、自らが主導して社会奉仕をおこなおうとしていることである。彼は言う。「私がこの裁判所に出頭したのも、犯罪者としてではなく、社会的分断が危機的状況のもと、生産的労働奉仕に見合った状態で社会に必要不可欠な奉仕作業をすることを求めたことが唯一の罪である者としてなのである」[2]

別の良心的兵役拒否者であるホーマー・ニコラスは、民間公共奉仕キャンプ出頭拒否で、2年半の刑期を連邦刑務所で始める前に、友人たちに証言を書き送っている。その中で彼は、民間公共奉仕の作業では、戦争の「悪」を「偉大な善」でもって克服するという彼の責任感を満たすことができない、と説明している。

政府は私を、軍務からは免除された良心的兵役拒否者として認定している。私は、非参加だけでは十分ではないと強く思う。戦争は、巨大な悪である。私たちは、悪を悪でもって克服することはできない。悪は、善によってのみ克服されるのであり、ここで必要なのは、十分な善、偉大な善なのだ。軍務からは免除された良心的兵役拒否者は、私たちの時代が直面する困難への、そしてその解決策への責任を共有している。良心的兵役拒否者が現在許されている奉仕活動の条項は、戦争に関係する諸悪のいかなるもの、またアメリカ社会で戦争を可能にしているもの、今後可能にするものをも、活動的な善で直面し克服することを許さない[3]。

彼は、その「悪」を、近代の戦争を可能にしている徴兵・徴用制度の中に見出した。徴兵・徴用への個人の参加が戦争を可能にしていると認識した彼は、それを拒むことが彼の責任であると信じた。

たとえアメリカの良心的兵役拒否者が殺人から免除されていても、現在の段階で、主権国家に召集された者は、現代の地球規模での戦争を可能にしている普遍的な制度を支えていることになる。私たちの徴兵・徴用制度への参加は、戦争を永続化させ、人類の必要な結合をますます否定するものだ。これが、私が悟るに至った認識の一部である。アメリカの兵役法の条項をもとに作業キャンプへの出頭命令が下ったとき、私は、この認識をもとに行動しなければならなかった[4]。

同じように、ペイトン・プライスは、アメリカ合州国の司法長官への手紙の中で、徴兵・徴用制を容認することは、戦争の遂行を支持することと同じであるとして、これ以上は容認できないと宣言している。

私は、以前には、徴兵・徴用制度と民間公共奉仕を、戦争と軍事プログラムの支持からは切り離して考えることができました。今や、そうした見方をすることができません。徴兵・徴用制を黙認することによって、私は、戦争反対に失敗しているだけではなく、たしかに、戦争のシステムに積極的に肩入れしているのです。（中略）引き下がること、沈黙すること、戦争の機構を黙認することは、それを認可することになるだけでなく、実際に後援することになるのです。知りつつも言うこととなすことが違うのは、卑怯者のすることで、道徳的・宗教的生活の自殺であります[5]。

徴兵や徴用に直面し、そうしたものと戦争との関わりを認識した兵役拒否者たちは、行動すること——すなわち、民間公共奉仕の出頭を公に拒み、徴兵・徴用制度への協力を控えること——に彼らの責任を見出した。プライスは、友人への手紙を次のことばで締めくくる。「反抗心や嫌悪感からではなく、神や世界共同体への各個人の責任に対する私の自覚から来る謙虚な心から、私は本日より非協力と市民的不服従の役割を果たすことをここにお知らせする」[6]

民間公共奉仕への徴用に内在する性質と、その国家との関係は、徴兵拒否者に信念の倫理の重要さを認識させた。ニコラスは、それについてこう語る。

最も深淵なる洞察を続けていくうちに、私は、大いなる忠誠の葛藤に直面した。人がその人生をどのように生きるべきかを決めるのに、最終決定権は誰がもつのであろうか。神であろうか、あるいは国であろうか。内なる声に従順である道を行くことで、人は、国中、そして世界中の永続的な平和と真の交友関係に最大限の寄与ができるものと、私は本当に感じている。[7]

ボーランド・ブルックスは、「人間の人格性への究極的な価値」を信じることで戦争と徴兵・徴用に反対してきたのだが、良心の自由と徴兵・徴用制度は両立しないと論じている。裁判所での証言で、彼はこう語る。

良心は、良心として認められるならば、いかなる制限もなしに、その自由が与えられなければならない。もし国家に、軍役からの自由に対していくらかの制限を設ける権利があるのなら、良心には、そのすべてを認めない権利がある。もし仮に代替作業が、今日のアメリカではそのような状況ではないのだが、完全に戦争とは切り離されていたとしても、軍の指揮下から自由であったとしても、社会的に建設的であったとしても、公正な労働基準のもとに市民の権利のすべてが守られていたとしても、徴用によってその作業を強制することは、良心は自由であるべきという基本的な原則を否定するものである。

初期のキリスト教徒が、カエサルの祭壇に香料を撒くといったいわゆる「理にかなった」要請でローマ帝国の優越性を認めるのを拒んだように、また、南北戦争時代のクェーカー教徒が300ドル支払って、あるいは代替的に病院で奉仕することによって入隊を免除されることを拒否したように、今日の良心的兵役拒否者は、最終的な道徳的判断を下す個人の権利を守りつづけなくてはならない[8]。

このような信念の倫理は、たとえ良心的兵役拒否者として公認されようとも、民間公共奉仕に徴用されることを受け入れられなかった。ここで語られているのは、良心は、戦争参加から自由であるばかりでなく、徴用労働からも自由でなければならない、ということである。したがって、以上に見てきた絶対拒否者にとって、戦争と徴用に対する良心的拒否はつながっており、単に徴用が戦争制度の一部であるだけでなく、戦争も徴用も信念の倫理と市民責任の倫理を制限し、試すものであった。

徴兵登録拒否

戦時中に徴兵登録を拒否した者もまた、その行為によって、戦争と徴兵に反対する自身の信念を表明してきた。彼らは自身の抵抗の行為を道徳的な義務と捉えていた。ラリー・ガラは、生まれながらのクェーカーではなく、18歳で入会したのだが、20歳の誕生日の数日後、兵役法で決められていたように登録するのではなく、連邦地方司法官に次のように手紙を書いた。

フレンド会［クェーカー］の一員として、瞑想の沈黙の中に現れた真実とは妥協しないことが私の責任であります。多くの瞑想と熟考を経て、私にとっての神の意志というのは選抜兵役法への登録を拒否すること、またその法のいかなる条項にも従わないことであるとの結論に至りました。精神のより高次の法に背くことは、私が考えるよき人生に必要不可欠なすべての理念を裏切ることになります。ここに、謙虚と悔恨の気持ちでもって、人がつくった法律を破ることへの結果を引き受けることも含めて、私は、政府のこの命令に従うことを拒否します。[9]

ガラは、非登録者になることを選んだ。というのも彼は、民間公共奉仕における良心的兵役拒否者になることは、彼のもつ原理を曲げることになるし、徴兵・徴用制度を黙認することになると考えたからである。彼は言う。「奉仕キャンプは、伝統的な平和教会の資金で運用されているが、選抜兵役局の厳格な管理下に置かれている。キャンプにいる徴用者は、それぞれ、月に35ドルの宿泊・食事代を支払うか、それを支払う人か組織を見つけてこなければならない。私にしてみれば、これは南北戦争時の徴兵でおこなわれていた300ドルの徴兵免除費用を思い起こさせる」[10]。そして連邦地方司法官への手紙の中で、彼は徴兵・徴用制度への非協力を明らかにする。

もし私が選抜兵役に登録すれば、私はこの徴兵制度を認めたことになります。私が間違っていると考えることにノーと言う力を自分自身から削ぐことになります。代替的作業を受け入れることは、単に、悪いものからよりましな種類の徴用に変えるだけであり、根本的な悪、すなわち、国家が神聖なる人間の人格性を強制召集できるという公言された権利、に反対することにはなりません。[11]

このような徴兵・徴用制度への参加の拒否は、彼の信念に基づいているだけではなかった。それはまた、市民的価値への責任をも表している。地元徴兵委員会への手紙の中で、ガラは、徴用制度のもとでの社会奉仕は彼には不可能であると論じている。「私は、すべての人が同胞に奉仕すべきであると強く信じていますし、私自身、過去2年は夏の間、アメリカフレンズ奉仕団でボランティアとして働いてきました。しかしながら、強制のもとでのいかなる奉仕活動も私はすることができません。とりわけその強制性が全体主義的な戦争法の明確な一部となっているからには[12]」。徴兵・徴用制度は戦争のシステムの一部であるだけではなく、さらに、その制度が社会への自主的な働きかけ・奉仕を妨げている、と彼は考えた。「人がその同胞である人類に奉仕する必要性はあまりにも明らかである。私は、その奉仕は自主的に、そして神がそれぞれの人に与えた奉仕する力に応じてなされるべきものであると信じている。（中略）しかしながら、そのような奉仕が強制を伴うようになると、活気に満ちて胸打つような民主主義的な質のすべてが、そこからは失われてしまう[13]」

別の登録拒否者で、またクェーカーでもあるウィリアム・リチャーズは、裁判所での証言で、彼の信念ゆえ、徴兵令にはいかにしても協力できない、と宣言している。

この登録は、（中略）１９４０年選抜訓練兵役法への協力を意味するもので、それは戦争システムの重要な一部である。私は、戦争は間違っていると信じているので、戦争に通じるもの、またはそれに必要不可欠なものも間違っていると強く思う。したがって、１９４０年選抜訓練兵役法およびその要請に応えることは間違っており、かつ、私の宗教的信仰と良心の命令に反するものである。このような理由で、私は登録を拒否しなければならない[14]。

ガラのように、リチャーズは、民間公共奉仕での良心的兵役拒否は、国家が人間的人格を強制召集する権利という根本的な問題を回避した妥協であると考え、その問題に目をつぶることはできなかった。彼にすれば、「私が民間公共奉仕キャンプでの仕事を引き受けることは、全国に適用する兵役法により、私をキャンプで強制的に働かせる権利を国家に与えることになる。私はそのような権利を国に与えることはできない。人間的人格の尊厳と価値は、いかなる人造の組織、あるいは国家より先に来るものである[15]」。

兵役法にはどのようなかたちでも協力しないというガラとリチャーズの登録拒否には、彼らの信念が重要な役割を果たしていることは明らかである。ローレンス・テンプリンは当時、自分の考えを手紙やノートにまとめている。

1942年7月14日：私は有罪を認めた——私は有罪なのだ——そしてそのことを誇りに思う。ソローやガンジーの伝統に鑑みて。7月30日：私は3年の刑務所入りを宣告された。裁判官と裁判所にいた人たちは、私の4ページにわたる証言を丁寧に聴いてくれた。キリストの教えが私の人生の法律だ。たとえ戦時であろうとも、私はその法律を破ることはできない。私は、「個人から個人へと働きかける、小さな、見えない、分子的道徳力」の側にいる。（中略）私は戦争廃止を支持する。戦争は人間社会に必要かつ不可避のものだとは信じていない。戦争はそれ自身を助長する。戦争は、問題を解決しないばかりか、問題をつくりだすのだ。徴兵制は、全面戦争のシステムに私を参加させるように強制する。そのシステムに加担することはできない。私には生きて証となる信仰があるのだ[16]。

戦争と徴兵制に対する明らかな信念を表明するだけではなく、登録拒否者たちは、その行動を通して、市民活動領域への働きかけをも見せている。リチャーズは証言の中でこう語っている。

私の反戦は、否定的な対処法ではなく、それどころか、極端に肯定的なものである。私は違いを解決する手段としての戦争に反対しているだけではなく、争いを調停できる別のやり方があると信じているのだ。精神、真実、善意のより高い道徳的価値への信仰とともにガンジーによって繰り広げられている非暴力抵抗の術は、最善の例であろうし、今日の世界の力になっている。これこそが、私が提唱するやり方である[17]。

以上見てきたように、徴兵制を拒否する際、登録拒否者たちを導いてきたのは、彼らの信念であった。また同時に彼らは、社会における抵抗の意味合いを十分に認識しており、彼らの抵抗が自主的な奉仕や争い解決の方法としての非暴力につながることで、市民的領域に肯定的な貢献をなすものと考えていた。

有言実行の先達たち

1942年4月27日、政府は45歳から65歳までのすべての男性に登録を命じた。この年齢層には、兵士としてであれ良心的兵役拒否者としてであれ、先の大戦の戦争体験をもつ者が含まれていた。若い世代の戦争や徴兵制への反対を支持してきた古い世代の平和主義者が今回、自分自身の徴兵・徴用問題に直面せざるをえなくなった。先に触れたように、たとえばA.J.マスティやエバン・トーマス、フランク・オルムステッドなどのような活動的な平和主義・戦争抵抗者は、第一次大戦時の絶対拒否者であったハロルド・グレイ、ハワード・モア、ジュリウス・アイシェルやアモン・ヘネシーなどとともに、公に自分たちの立場を明らかにした。すなわち彼らは、良心のもと、登録することはできないと宣言したのである。彼らはまた、刑務所入りも辞さないと表明した。1917年に良心的兵役拒否者で、近東救済活動に2年間ボランティアとして活動していたエドワード・リチャーズは、徴兵・徴用制度に対する良心の自由の問題を強調している。

選抜兵役法のもとでは、この国に住む18歳から65歳までのアメリカ市民男性はすべて、政府がその特定の法律――しかもそれは疑いもなく戦争を準備し遂行するための法律――に協力させるよう強制召集する権利を認め、受け入れるよう求められている。たとえ戦争とそれに不可欠なものとしての強制召集に対して良心的信念から、明白に完全に正直に、全く誠実に反対しようとも、このような個人の権利を国家に放棄することから完全に免除されるような条項は、存在しない。（中略）アメリカ市民の6代目として、私は、1940年選抜訓練兵役法で今や法制化されている自由からの明白な脱離に、私のもてる力の最大限を使って反対することが、国に対する、そして良心の自由、宗教の自由の基本的伝統に対する私の明確な義務だと心得ている。このような直截的な反対が、今の時点で私がとりうる最も積極的で、建設的な行動である。私は、第一次大戦中とそれ以降の私の経歴が示すように、苦痛を和らげたり、人類を手助けしたりする仕事をしたくないのではない。しかし、良心の自由や宗教の行使における自由が、先に来るのである。したがって私は、こうした基本的自由を国に放棄することを拒まざるをえないし、1942年4月27日に1940年選抜訓練兵役法のもとでの登録を拒否することが、私ができる、そしてしなければならない最も効果的な線引きである。(18)

その兵役法のもと、登録を拒否することによって、リチャーズは、国に良心の自由を「放棄」することを拒んだ。この状況下にあって、こうすることが自身の信念の倫理を守る唯一の方法であると考えた。その登録拒否に現れた彼の戦争と徴兵制に反対する姿勢は、また、市民責任感をも含んでいる。それは、彼の拒否行動が社会にとって「最も積極的で、建設的な行動」であるとの彼の位置づけに見てとれる。

さらに、両世界大戦期の良心的戦争抵抗者たちは、第二次世界大戦終了後も様々な活動を継続している。戦時中、（後述するように）自らも囚われの身ながら、刑務所内での人種隔離政策にストライキなどで闘っていた兵役拒否者たちは、戦後、出所した後にも、連邦刑務所の人種隔離政策に公然と異を唱えた。また、戦後も依然として獄中にあり、重罪犯人扱いされている良心的兵役拒否者への恩赦を求めて、さらには核兵器、永続化しつつある徴集・徴兵制度、人種差別、軍事優先主義一般に対して反対の声を上げていった。そのような一連の抗議活動の中、公衆の面前ではおそらくアメリカ史上初めての「徴兵カード燃やし」がおこなわれる。

1947年早春、政府はその年の3月に失効する戦時の選抜訓練兵役法に替わる、全米に網をかける徴集訓練兵役法を模索していたが、教会関係者や労働団体、平和団体からの抗議にあっていた。そうした中での2月12日、まずはホワイト・ハウス前で、そして同じ日の晩、ニューヨークの（長老教会系）レイバー・テンプルで、徴兵カードを燃やす抗議活動がおこなわれた。ホワイト・ハウス前では、第一次大戦時の絶対拒否者であったジュリウス・アイシェルも参加し、ニューヨークでは、A.J.マスティの他、ユニオン・エイトのデイビッド・デリンジャーやジョージ・ハウザー、そして第二次大戦時の絶対拒否者であったベイヤード・ラスティンらも参加している。ある参加者は、「私たちは、できうるかぎり最も簡潔で、最も直接的に、徴集・徴兵制度を非難しようと決意した。すなわち、この制度に関しては、国家の権威の承認を拒否することによってである」と語っている。この抗議活動で、400〜500人が自身の徴兵カードを焼却するか、大統領あてに送り返している。[19]後のベトナム戦争反対運動の中で、全米に広まる徴兵カード焼却による戦争抵抗の底流には、本章で見てきた先達たちの、徴兵制や戦争に対する強い反対の意志と抵抗の行動が存在していたのである。

第Ⅲ部　小括——非暴力直接行動における信念の倫理と市民責任の倫理

第Ⅲ部では、徴兵登録拒否者や民間公共奉仕離脱者にとって信念の倫理がいかに生まれ、重要な役割を果たしてきたのかを、そして、そうした良心的兵役拒否者が、彼らの行動を通して、市民としての責任感をどのように認識したのかを考察してきた。

まず、ユニオン神学校の神学生による1940年選抜兵役訓練法のもとでの登録拒否では、国家に対する信念の倫理の表明と、それと同時に彼らの市民責任の倫理の発露の一部も見ることができた。「神の意志」とキリスト教平和主義の自身の解釈に基づいて、神学生たちは、国はもとより神学校の教員や歴史的平和教会、他の平和団体からの圧力にもかかわらず、兵役法に関連するいかなる手続きにも協力を拒否した。聖職者兵役免除があるがゆえに、神学生たちは、徴兵登録拒否が、戦争と徴兵制に対する彼らの反対を明確にする唯一の方法だと考えた。彼らはまた、聖職者兵役免除やキャンプにおける民間代替作業、そして公認された良心的兵役拒否の権利（Ⅳ－E）を、軍事的徴用のより大きなシステムの中での「特権的な保護」であると認識した。そしてそれは、彼らの市民責任の倫理を侵すものであった。彼らの兵役法への非協力は、戦争や徴兵制のない未来の理想社会の前例になると神学生たちは信じた。

一方で、民間公共奉仕キャンプを離脱した者たちは、初めは、「民間主導のもとでの国家的重要作業」に携わることに同意し、彼らも「建設的」な社会貢献ができるものと期待していた。にもかかわらず、制限があり、どちらかといえば無意味な作業の内実が判明してくると、そして、選抜兵役局による統制が増え、彼らの抗議に耳を貸さなくなると、「国家的重要作業」が彼らの理想を実現させていく仕事でないことを悟っていく。彼らの「市民責任」の理解は、「奉仕の動機」から「抵抗の動機」に変化していった。民間公共奉仕における強制召集の性質が明らかになるにつれ、彼らは、自身の妥協が「技術的な妥協」から「理念の妥協」へと移行しつつあることに気がつく。それにより、彼らは、民間公共奉仕から離脱する必要性を感じた。離脱するにあたり、彼らは、強制召集の問題に正面から取り組みたいと願った。彼らは、自分たちの抗議を、戦争を可能にする召集システムに対する積極的な直接行動と捉えなおしたのである。

徴兵登録を拒否した神学生たちも民間公共奉仕を離脱した者も、自身の信念の倫理を非暴力の抵抗で表した。それぞれに、根拠と妥協の度合いは異なれど、信念の倫理は両者の場合、良心の自由はいかにしても――徴集のもとでの奉仕の種類や徴集制度それ自体によって――制限されてはいけない、という考えに基づいていた。そして、そうした信念の倫理は、拒否者にとっての市民責任の意味を基礎づけるものとなったのである。彼らは社会に貢献しようとした――しかし彼らなりの流儀で。彼らの能力、やる気、そして自由裁量が妨げられない状態で、理想とする社会への自主的な貢献をめざしていたのである。こうした考えに基づいて、戦争と徴兵制度への抵抗を、市民責任の行為と認識し、そしてその抵抗はまた、彼らの信念の倫理を再確認し、強固なものにしていった。このような戦争と徴兵制に対する非暴力直接行動に見られる信念と市民責任のあり方は、その他の絶対拒否者たちにも見られた。たとえば良心的兵役拒否の権利を与えられながらも民間公共奉仕キャンプより刑務所を選んだ者、戦時中に登録拒否した者、そして徴兵制が彼らの年代にまで伸びたときに登録を拒否した古い世代の戦争抵抗者たちである。

また、絶対拒否者たちは、刑務所に入れられてもなお、彼らの市民責任を果たそうとした。より権威主義的な環境に置かれても、絶対拒否者たちは、人種隔離撤廃や囚人の権利擁護のために刑務所内での多くのストライキを主導してきた。個人によるハンガーストライキや刑務所当局への非協力は、すでに第一次大戦下で実践する良心的兵役拒否者もいた。そして第二次大戦下では、民間公共奉仕キャンプを脱退した、たとえばコルベット・ビショップやスタンレー・マーフィー、ルイス・テイラーのような絶対拒否者たちが、こうした抗議手段をより徹底しておこなった。マーフィーとテイラーは、ミズーリ州スプリングフィールドにある刑務所医療センターの状態に公衆の意識を向けさせることに成功し、彼らの行為が連邦政府の調査と刑務所改革につながっていった[1]。しかしながら、集団としては初めて——おそらく1919年1月のフォート・レーベンウォースでの良心的兵役拒否者によって始められた大きなストライキを唯一の例外として——第二次大戦下において、絶対拒否者たちは刑務所で、社会的にも歴史的にも意味のある作業ストやハンガーストを主導した。

1943年8月、コネチカット州ダンベリー矯正刑務施設において、19人の良心的兵役拒否者が作業ストを開始した。その目的は、食事時間における人種隔離規則の撤廃であった。まさにこの刑務所で、数年前、8人の神学生と他数名が、一日反戦ストを決行しようとして、つぶされたのであった。しかしながら今回は、作業ストは4か月間も継続され、その年のクリスマスまでには、ダンベリー刑務所は人種隔離を撤廃した食堂をもつ初の連邦刑務所となった。参加者の一人はストをふり返りこう語っている。「人種差別に反対する運動は、第二次大戦下の良心的兵役拒否者が達成した最も重要なものの一つと考えられるだろう[2]」

それと同じ頃、ペンシルバニア州ルイスバーグ刑務所でも、数多くの良心的兵役拒否者が人種隔離や刑務所の検閲に反対して、作業ストやハンガーストをおこなっていた。彼らは、すべての囚人にふたつの「基本的権利」が認められなければならない、と主張していた。それは、外の世界との自由な通信の権利と、読み書きのために検閲のないものをいつでも手に取る権利であった。そのストによってすべての要求が叶えられたわけではないが、その年（1943年）の暮れまでには、刑務所当局は検査と刊行物の規制を緩めたのである[3]。

絶対拒否者たちは、徴兵登録拒否や民間公共奉仕への非協力、また、刑務所でのストライキを通して、市民責任の倫理に基づく行為をおこなってきた。それは、戦時社会一般との認識の断絶によってもたらされた抵抗のかたちでもあった――社会に蔓延していたものは、彼らの市民的理念、あるいは信念の倫理とはつながらないものであり、また、彼らの理念や倫理を制限するものであった。

彼らは、現存する社会、戦争と徴兵制の社会に対して「積極的」な貢献は、彼らの直接行動を伴う抗議以外にはありえない、と信じていた。しかしながら、彼らの信念の倫理の強さからして、そうした直接行動の短期的な効果は、考慮されていなかった。彼らにしてみれば、抵抗の重要性は、「達成されるべき目的に、というよりその行動自体にある。その行動が一つのやり方であって、人によっては個人が（中略）単なるモノとしてではなく、個人として表せる唯一のやり方かもしれない」[4]。したがって、このような状況下での彼らの抵抗という行為は、彼らのアイデンティティ（存在証明）に密接につながっていた。彼らの信念の倫理は、抵抗とは異なる行動を許さなかったのである。それはきわめて個人主義的なものであった。というのも、信念の倫理は、個人の良心と信仰に基づいていたのだから。

しかしながら、彼らの非暴力直接行動は、それを支えた信念が唯我独尊的なものでも、自己陶酔的なものでも、ましてや自己中心的なものでもなかったことを示している。彼らの行動は、社会――現状の社会ではなく、彼らが信じたあるべき社会――に対しても向けられていたのである。ユニオン神学校の神学生の8人の一人であったジョージ・ハウザーは、刑務所からA.J.マスティに、兵役法違反で刑期を終えた後に何ができるのかアドバイスを求め、手紙を書いている。

私たちのように戦争に反対し、すべての人にとってより公正な社会をつくろうとしている者には、そうした方向に進むべく運動を起こすときが、確実に到来していると思います。私たちにとって、社会における多数派のグループが提供する政治的代替策の中から選ぶことは不可能です。私たちは、現実的な第三の代替策を考えなければなりません。つまり私たちは、非暴力を手段とし、戦争に反対し、ここ自国にあるかぎりの民主主義を守るという喫緊の目標をもった運動を立ち上げなければなりません。（中略）この非暴力運動が、あなたのお考えでは、重要かつ現実的なものかをお聞きしたいのです。また、そのような運動が、この国で立ち上がろうとして、まだ始まったばかりの中で、私にどのような働きができるのかをお聞きしたいのです。最後に、上に書いてきたような線での、または今日の私たちの問題の核心を突くような線での来年の仕事に関して、何か具体的な提案がないか、お聞きしたいのです。[5]

彼が刑務所の中で考えていた非暴力運動は、その後、シカゴで徐々に展開されていくことになる。釈放後ハウザーは、「人種平等委員会」（後の「人種平等会議」the Congress of Racial Equality: CORE）を、他の平和主義者（白人も黒人も含む）とともに立ち上げた。その平和主義者の中には、刑務所に入れられていた者や、良心的兵役拒否者として民間公共奉仕キャンプにいた者もいた。[6] 本書が主張するように、こうした非暴力直接行動の底流には、戦争絶対拒否者たちの間に見られた信念の倫理と市民責任の倫理の組み合わせがたしかに存在していたのである。

終　章　戦争抵抗の可能性

信念と責任、そして戦争抵抗

個人の良心と国家との関係の問題には、長い歴史がある。その問題の深遠さに、人がつながり社会を形成していくうえで、何か本質的なもの、それゆえ永続的なものが見えてくるのではないだろうか。近代的個人の概念、基本的人権の尊重、そしてそれぞれの個人に備わる究極的な価値の擁護とともに、良心と国家の問題は、より明確にその重要性を増してきたし、来るべき将来に消滅していくことはないであろう。

良心と国家の問題の重要性をわかりやすく例示しているのが、良心的兵役拒否の問題である。良心的兵役拒否は、国家によって企てられた暴力の行使に参加することを公に拒否することにより、根源的な問題を突きつけている。戦争体制への協力を拒否することによって、とりわけ絶対拒否者たちは、個人の良心と国家の命令との衝突を鮮やかに可視化させている。

絶対拒否者たちによる戦争体制への非協力は、彼らの倫理的な信念に基づいていた。それは、往々にして、「独善的」、「自己中心的」、そして戦時下の国に対する「務め」の忌避だと考えられていた。しかしながら、良心をもとに国家の命令に従うことを拒否することで、絶対拒否者たちは、彼らの道徳的信念を堅持し、彼らの理解する市民責任を果たそうとしてきた。本書は、絶対拒否者たちが自分たちの行為にもたらした主観的意味を考察してきた。個人の良心と国家の問題は、絶対拒否者たちにおける個人と社会の緊張関係によく表れており、その緊張関係の中にどのように信念の倫理と市民責任の倫理が表れ、拒否者たちの行為を意味づけていったのかを検証してきた。

第一次世界大戦時には、良心的兵役拒否者はすべて、軍キャンプに収容され、軍の直接的な統制下にあった。そのような状況の中で絶対拒否者たちは、軍の命令に従うことを拒否したゆえ、軍法会議にかけられ牢に入れられていた。メノナイトやモロカン、フッタライトといったキリスト教小宗派の絶対拒否者たちは、軍服を着ない、または軍の命令には従わないという道徳的信念を厳格に守り通した。彼らは威嚇や肉体的虐待、それも死に至るほどのものに耐え、立場を崩さなかった。聖書のことばを字義的に解釈し、軍隊の一部となることを拒んだのである。彼らの信念は、神のことばに対していかなる妥協も許さなかった。神か国家かの選択において、彼らの信念の倫理は、前者に焦点を当て、献身させつづけた。

その一方で、小宗派に属さない絶対拒否者の戦争に反対する信念は、高度に独立した道徳的判断、すなわち、「倫理的個人主義」を体現した。宗教的な者も非宗教的な者も、彼らは自分自身で――

キリストの精神を個人的に解釈したり、独自に人道主義を参照したりして――軍事に参加することはできない、と判断した。それと同時に、小宗派の絶対拒否者とは異なり、彼ら自身の戦争抵抗を、空間的にも時間的にも広範な社会の中に位置づけて捉え、彼らの行為の市民的価値への影響を認識していた。彼らの市民的責任は、来るべき未来の社会に向けての信仰と希望に表れていた。軍営や刑務所に閉じ込められながら、ごく少数の戦争抵抗者だけで、社会に対してすぐさま何かしらの影響を与えられるとは彼らも思ってはいなかった。そうではなく、彼らは、彼らの道義に基づいた抵抗がよりよい未来へと貢献することを信じ、望んでいたのである。

第二次世界大戦中の絶対拒否者は、先の戦争に比べて、より人道的には扱われていたものの、良心と国家との衝突は、緩和されることはなかった。むしろ絶対拒否者たちは、徴兵制度の中に――軍とは一見無縁に見えるような条項、たとえば聖職者兵役免除や代替民間作業に――その衝突をより明確に認識したのである。彼らは、徴兵登録から民間公共奉仕に至るまで、戦争への強制召集につながる要素と運用を見出し、彼らの信念の倫理は、そのいかなる部分にも妥協することを許さなかった。多くは、兵役法の条項に沿った公認の（聖職者兵役免除された、あるいは民間公共奉仕キャンプで就労する）良心的兵役拒否者になるよりも、刑務所入りを選んだ。彼らの信念は、戦争と徴兵制への反対とともに良心の自由を支持し、非協力というかたちをとった。しかし、絶対拒否者たちは、社会の多数派の意思に抵抗しているときでさえ、自分たちの行為は市民的価値を志向し、市民責任を果たしていると考えていた。彼らの市民責任の倫理は、自主的貢献、民主主義、参加、そして良心の自由の理想的理解を示している。

信念の倫理は、本書に登場する絶対拒否者たちみなそれぞれに明らかに表れている。第一次大戦時の神のことばを字義的に解釈する小宗派の拒否者や「倫理的個人主義」に基づく非小宗派の戦争抵抗者から、第二次大戦時の徴兵登録拒否者や民間公共奉仕離脱者に至るまで、彼らの戦争抵抗を正当化するのに、信念の倫理は欠かせない役割を果たしてきた。彼らの信念は、よく、聖書の理念や良心の自由の伝統との整合性との関わりで表明されてきた。彼らの良心的戦争拒否は、「我はここに立つ。それ以外はできない。」といった先達の精神と密接につながっていた。しかしながら、絶対拒否者のほとんどは、ウェーバーの論ずる信念の倫理のある一点を踏襲してはいなかった。それは、彼らの意図することの価値・重要性がその行為の「結果への責任を放棄すること」を正当化しなかったのである。これには、彼らがもっていた別の倫理、すなわち市民責任の倫理が関わってくる。

市民責任の倫理は、より複雑である。絶対拒否者の市民的価値への志向性は、その内容と程度に違いがあった。第一次大戦時の小宗派の絶対拒否者は、この世における彼らの行為のもたらすものに直接関心をもたなかったが（それゆえ、彼らが信念の倫理の理念型に最も近かったのだが）、非小宗派の拒否者は、社会的文脈における自身の行為のもつ意味について理解していた。[1] たとえばアーネスト・メイヤーは、「腕を組みたたんだ」抵抗は、将来の戦争を止めるほど十分に強いものであると考えた。彼は、自身の良心的兵役拒否が社会運動の始まりである、と捉えていたのである。ハワード・モアは、フォート・レーベンウォースの軍刑務所内で鎖につながれながらも、彼の道徳的信念に対する国家の権威を認めることを拒否することは、自由の理念への闘いであると認識していた。ハロルド・グレイやエバン・トーマスなどの宗教的拒否者は、市民責任の倫理を社会奉仕へと明確に位置づけた。両者とも、アメリカが参戦したときにはイギリスのＹＭＣＡで働いていた。しかし、彼らはその組織のアメリカ軍部との親しい関係に幻滅し、自国で徴兵と良心的兵役拒否の問題に直面するためにイギリスを離れ、帰国した。グレイは、私化されたものや多数の意思を志向したものではなく、「内なる光」が彼にとって最大限市民社会へと貢献させてくれるものだと信じた。トーマスは、良心を、小宗派の拒否者のように、抑制し禁止する（「これをしてはいけない」）ものとしてだけ考えるのではなく、社会において活動を明示する（「これができる」）ものであると理解していた。

第二次大戦時の絶対拒否者は、その程度においてさらに異なるやり方で、彼らの市民責任を表明した。ユニオン神学校の神学生たちは、聖職者兵役免除と民間公共奉仕における良心的兵役拒否の選択肢を、徴兵制度や戦争に対する彼らの抗議を弱めるものと理解し、国民に等しく適用されない「特権」と認識した。神学生たちは、軍隊への強制召集制度の中でこの特権を受け入れることの意味合いと結果を考慮した――それは、戦争に反対する彼らの道徳的信念に妥協することになるだけでなく、援助が最も必要だと彼らが考えた地域社会に奉仕する力を制限することになるとの結論に至った。民間公共奉仕を離脱した拒否者は、初めはそのキャンプ内で働くことで、彼らの市民責任の倫理を表した。彼らは、国が彼らを良心的兵役拒否者と認定し、「国家的重要作業」に従事させるかぎりにおいて、強制召集制度を認めていたのである。しかしながら、そこでの労働は、意味のある社会奉仕をしようとする彼らの意欲を満たすものではなかった。それを悟った時点で、彼らは、強制召集制度へのさらなる協力を拒んだのである。それは、刑務所入りの選択でもあった。また、徴兵制に登録し、良心的兵役拒否者として認定されながらも民間公共奉仕に出なかった者は、その「非民主主義的な制限」が彼らの市民責任を満たすものではないことを、あらかじめ知っていた。彼らにすれば、戦争参加と強制労働に関する良心の自由が問題であった。信念の倫理が彼らを、前者、すなわち戦争参加から引き離した一方で、市民責任の倫理は、後者、強制労働における自由の問題に関わらせつづけた。最後に、第二次世界大戦中の非登録者は、8人の神学生のように、強制召集制度に初めから参加することを拒否した。しかし彼らは、明確に非協力を打ち出す中で、社会に対して積極的で建設的な貢献をなしていると主張していた。彼ら非登録者は、自主的な奉仕と非暴力の抵抗にこだわったのである。もちろん、この市民責任の倫理は、戦時中に多くの国民のもっていたそれとはかけ離れたものであった。非登録者たちは、戦争と強制召集制度に対する良心的抵抗を通して、代替的な価値として彼らの市民的価値を社会に提起したのである。

本書では、信念の倫理と市民責任の倫理とがどのようなかたちで相互に作用し、絶対拒否者たちの中に独特な結合をもたらしたのかを考察してきた。彼らの戦争遂行国家と徴兵制度への非協力は、彼らの曲げることのできない信念から来ているものであった。また同時に、非小宗派の絶対拒否者は、彼らの行為を社会全体の文脈に置くことができ、その過程で、彼らは自分たちの抵抗を社会の市民的価値に対する積極的な貢献であると認識した。その認識がさらに、彼らの信念の倫理を強化したのである。

このような絶対拒否者たちにおける信念の倫理と市民責任の倫理との相互作用は、国家の戦争協力への命令に反対する少数派の抗議活動に関して、いくつかの問題を提起する。ここでは以下の3点を確認しておこう。まず、彼らの抗議活動の直接的な「効果」は、どの程度彼らにとって重要であったのだろうか。また、そもそも「効果」というのは、どのような意味をもって理解されたのだろうか。良心的戦争拒否者は、常に少数派であり、とりわけ絶対拒否者は、戦争を止め徴兵制を廃止することはおろか、国の戦争政策を変えるような政治的力をもつことさえなかった。このことを、彼らは理解していた。ならば、抗議活動を決断する背景には、どのような理由があったのだろうか。たしかに、彼らの強い信念の倫理は重要ではあった。しかし、それだけではなかった。それぞれの世界大戦での絶対拒否者の声を聴いてみよう。

戦争と病的興奮の時にあって、私のような全くの異端者の見解を一定以上の人たちに伝えることは、ほとんど絶望的であることは理解している。私の原理原則に関するかぎり、それが全く非実用的——単なるバカげた考え——であることも理解している。私の考えは、今日の世界で通用するものではない。それは十分にわかっている。しかし、それは未来に導いていく見解であることを、私は十分に信じている。[2]

第二次世界大戦下の年月を生きてきて、戦争が争いごとを解決する手段でないことに、さらなる確信を得た。私が入隊を拒んだとき、自分が現況に少しでも影響を与えられるなどとは思ってもいなかった。しかし私は、未来の状況には何かしらの貢献ができるかもしれない、と希望をもった。私は、非暴力と戦争抵抗の理想を生かしつづけたいと真に願った。召集されたときに、もし平和主義者のすべてが戦争に参加していたら、非暴力の理想はその力を失うことになる。(3)

ここで、信念の倫理に加えて、市民責任の倫理が明確に表れている。もし、市民責任の倫理がなければ、単に信念の倫理に基づく抗議活動は、その効果に無頓着であっただろう。また一方で、その抗議活動が、行為の結果とその結果への個の責任を強調するウェーバーの「責任倫理」だけに導かれていたのなら、そもそも抗議活動をする動機が生じようもない。ここで絶対拒否者たちは、別の倫理基準によって抗議活動をしていたと言えよう。すなわち、彼らは、行為の効果を未来の理想社会に照らし合わせて考えていたのである。その際、彼らは、信念の倫理と市民責任の倫理を組み合わせていた。

次に、国家の戦争政策に対する少数派の抗議活動は、直接的な効果がないことで、単なる「象徴的」な抗議である、とする見方がある。言い換えればそれは、絶対拒否者の研究において次のような問題を提起する――はたして絶対拒否者たちの抗議活動とは、どれほど「劇的」であっても単に「象徴的」なものにすぎなかったのだろうか。[4] 本書における絶対拒否者たちが付与した主観的意味の考察は、さらなる側面をあぶりだしている。すなわち、絶対拒否者たちにとっての信念の倫理と市民責任の倫理、そして両者の密接なつながりの重要性を通してしか見えてこない側面である。絶対拒否者たちは、国家に対し良心の自由を「放棄」することを拒んだが、それは、国家と同時に国家を超えた社会的理想の領域へと志向していたからである。彼らの抗議活動は、良心の自由を行使するだけではなく、社会全体の参加や民主主義、非暴力を実際の場で代替するものとして根づかせようと提起していた。そしてまた、彼らの戦争抵抗は信念の倫理にも深く根ざしていたので、彼ら自身のアイデンティティの形成にもつながる道徳的な一貫性も重要であった。その信念の倫理でもって、彼らは、それ以外にはやりようもありようもなかったのである。ユニオン・エイトの一人であったデイビッド・デリンジャーは、ダンベリー刑務所から出所した後でも、刑務所長の警告を無視して、「何度も戦争反対を語」り、「再逮捕を覚悟」していた。彼は言う。「私たちは徴兵登録しなかっただけでなく、戦争における民間人への危害やユダヤ人難民の強制送還にも抗議していた」。彼の抗議活動は、「誰にとっても人権と愛のある社会」をつくりだしていくことに関わっていた。[5] 彼らの行為の市民的意味と固い信念の両方に自覚的でありながら、絶対拒否者たちは、自らの抗議活動に象徴以上の意味をもたせていたのである。

最後に、国家の戦争への命令に対する少数派の抗議活動は、とりわけその命令が民主主義国家の多数によって支持されているときには、いわゆる「タダ乗り」問題を引き起こす。このタダ乗り問題とは、絶対拒否者たちに関して言えば、彼らは戦時下における国民としての義務を忌避しているという（とりわけ保守的な）大衆感情の理論化である。すなわち、絶対拒否者たちは、国の福利厚生を享受しながらも法的義務を果たしていないのだから、タダ乗りしていることになる。この論点についてもまた、本書で考察してきたような、絶対拒否者たちに見られた信念の倫理と市民責任の倫理の独特なつながりが、問題のより包括的な理解へといざなってくれるだろう。

政治哲学者のジョン・ロールズによると、タダ乗り問題は、以下のように要約できる。

公共社会の規模が大きく、そして多くの個人を含むとき、それぞれの人に自分の分担を回避しようとする誘惑が生まれる。これは、一人が何をしようとも、その行為は、全体でつくられるものにそれほど影響を与えないからだ。その一人は、他者の集団的行為はすでに何らかの方向で与えられている、と考える。もし公共的な善がつくられるとすれば、自分の貢献がないからといって、その一人がそれを享受することが減ることはない[6]。

絶対拒否者たちによる戦争と徴兵制への非協力は、原理原則の問題であった。それは彼らの信念の倫理から出た行為であって、自分の「分担」を受け入れるか回避するか、といった機会主義的な行為ではなかった。さらに、公共社会への貢献は避けられていなかった。むしろ、彼らは自らの市民責任の倫理に従って、「公共的な善」に異なるかたちで貢献しようとしていた。このタダ乗り論が、良心的兵役拒否者一般に、とりわけ絶対拒否者に適用されるとき、この理論の前提の問題点のいくつかが浮かび上がってくる。ある論者は、第一次世界大戦時の政治的義務に関する論考にて、良心的兵役拒否者に当てはめられたタダ乗り問題を次のように説明している。

軍隊の義務から免除された市民は、兵役を選んだ者の肩にその重荷を転嫁させても、市民的特権のすべてを保持するものとされている。（中略）ニューヨーク・タイムズ紙はこう書いている。「市民の最初の義務」は、徴兵令に応えることであり、徴兵を忌避する者は、その負担を「隣人にとってより重くする」のであると。(7)

良心的兵役拒否の問題に適用されたときに見えてくるタダ乗り論の前提の一つは、戦争と徴兵制は「公共的な善」に資する、ということである。しかしながら、絶対拒否者たちは、信念の倫理と市民責任の倫理に基づき、その「重荷」と「負担」（戦争と徴兵制）の正当性と必要性、そしてそれらの「公共的な善」そのものを問うているのである。また、タダ乗り論は、そうした「重荷」や「負担」が自明なものであるという前提に立っている。それは、社会によって支持され、国によって法制化されていることで揺るがないものに見えるのであるが。しかしながら、絶対拒否者たちにある信念の倫理と市民責任の倫理は、市民の上に課されたこのような「負担」の自明性を拒否する。その代わりに、彼らは自分たちの市民責任の倫理に基づいた彼らなりの「重荷」をつくりだしているのである。

以上に見てきた戦争国家に対する少数派の抗議活動に関する3つの問題――抗議活動の効果、その象徴性、そして「タダ乗り」問題――は、絶対拒否者にあった信念の倫理と市民責任の倫理の両者を認識することの重要性を例証している。絶対拒否者たちの間に見られたこのふたつの倫理の独特なつながりと相互作用なしでは、それぞれの問題を十分には理解できないであろう。また、それぞれの問題に関して、どちらかの倫理だけを強調したのでは、部分的な、したがって不完全な光しか投ずることはできない。本書の分析を通して、良心的戦争抵抗者は、信念の倫理と市民責任の倫理の両方を参照することでよりよく理解できること、そして、彼らの戦争抵抗は、このふたつの倫理の組み合わせによって最もよく説明できること、が明らかになったのではないだろうか。ここに、絶対的良心的兵役拒否者たちの複雑な動機と、彼らの抗議活動の主観的意味に関して、いくらかの「明確さ[8]」が与えられたことを願う。

絶対拒否者たちのその後

それぞれの世界大戦後、良心的戦争拒否者たちは、後の世代に戦争抵抗の体験を継承し、その手段である非暴力直接行動や市民的不服従を広く社会の人権・平和問題に実践し、継続していった。

第一次世界大戦中、自身が良心的兵役拒否で逮捕・収監される前から市民団体「軍国主義に反対するアメリカ連合（the American Union Against Militarism）」で活動し、かつ良心的兵役拒否者の人権を擁護する「全米自由人権局（the National Civil Liberties Bureau）」の事務局長をしていたロジャー・バルドウィンは、戦後、ヘレン・ケラーやジェーン・アダムスらと「アメリカ自由人権協会（the American Civil Liberties Union: ACLU）」を創設する。[9] １９３０年代に全米の大学キャンパスに広まった「国のおこなういかなる戦争にも政府に協力しない」とする「オックスフォード誓約」運動を積極的に支持し、第二次世界大戦下では、エバン・トーマスらとともに、良心的兵役拒否者たちを支援した。第一次世界大戦後、医学博士となったエバン・トーマスは、「戦争抵抗者連盟（the War Resisters League: WRL）」の事務局長も引き受け、獄中にあったユニオン・エイトの神学生や他の絶対拒否者たちを励まし、良心的兵役拒否者のさらなる権利を主張し、徴兵と戦争に対して反対の姿勢を貫き通した。第一次世界大戦の終結からひと世代を待たずして、次の世界大戦へと突入したアメリカ社会にあって、戦争抵抗の体験の継承は、当事者同士の交流で確かなものとなっていった。また、そうした支援や交流の基盤にあるのが、第一次世界大戦を機につくられた様々な反戦・平和市民団体である。

上記のもの以外にも、クェーカーを基盤に創設された「アメリカフレンズ奉仕団（the American Friends Servie Committee: AFSC）」やキリスト教平和主義に基づく「友和会（the Fellowship of Reconciliation: FOR）」、「カトリック労働者運動（the Catholic Worker）」などに参加した先の大戦の絶対拒否者たちが、朝鮮戦争、ベトナム戦争と相次ぐ戦時下で、戦争抵抗の思想と行動の意味を若い世代に共有していった。

また、戦争抵抗の核心的手法である非暴力直接行動や市民的不服従は、第二次世界大戦後、徴兵・徴用制度や戦争を超えて、広く人権・平和問題に適用され、受け継がれていった。実際、そうした動きは戦時中からすでにあった。本書でも少し触れたが、ユニオン・エイトの一人であったジョージ・ハウザーは、1941年に出獄した後シカゴに出て、翌42年には「人種平等会議（the Congress of Racial Equality: CORE）」を共同で立ち上げる。レストランや劇場、市営プール、スケートリンクなどでの人種差別規定に、白人・黒人の混合グループで、非暴力ではあるが体を張って、挑んでいった。[10] 1940年代、北部都市における人種差別撤廃運動を非暴力直接行動で主導したのは、数多くの良心的兵役拒否者たちであった。ともに第二次世界大戦中、絶対拒否者として牢に入れられていたベイヤード・ラスティンとジム・ペックは、後の「フリーダム・ライド」の原型となった、州をまたいだ移動での人種差別を禁じた連邦最高裁判決を白人と黒人の一団でバスに乗り込み実践する1947年の「和解の旅（the Journey of Reconciliation）」にハウザーとともに参加している。ラスティンはその後、キング牧師などとともに、ボイコットやデモ行進、座り込みなどの非暴力直接行動で1950～60年代の公民権運動を推し進めていく。ペックも公民権運動に関与しつづけ、1961年の「フリーダム・ライド」にも参加し、非暴力直接行動の思想を若い世代に身をもって継承した。両者ともに、人種平等会議や友和会、戦争抵抗者連盟などの人権や反戦・平和の市民団体を基盤に、アメリカ社会における戦争や徴兵、人種差別の制度に抵抗していったのである。

さらに、世界大戦時の戦争抵抗の思想は海を越えていく。１９２０年に共同創設したアメリカ自由人権協会の事務局長を務めていたロジャー・バルドウィンは、第二次世界大戦後の１９４７年、ＧＨＱのマッカーサー将軍の招聘により、市民的自由と人権の発展のために日本と韓国を訪れ、日本自由人権協会の設立に関わる。また、１９５０年からは国際人権連盟（the International League for the Rights of Man）の議長として世界をまわる中、１９５９年には沖縄を訪れ、非暴力の思想と行動で後に「沖縄のガンジー」と呼ばれることになる阿波根昌鴻と会っている。そのときのことを阿波根はこう記している。

（略）１９５９年のことでしたが、世界人権連盟議長のロジャー・ボールドウィンさん、実に立派な方であると聞いたが、この人が那覇にきた。沖縄の土地闘争のことを知って、人権侵害があるのではないかと調査に来られたわけです。那覇の教職員会館で講演するということを新聞で知って、わしらはさっそく陳情書をつくり、「ボールドウィンさん歓迎」という横断幕をもって、那覇に会いに行った。陳情書に、「日米両政府はわしらの家を焼き、農民を縛り上げ、土地を取り上げて、核戦争の準備をしておりますが、これを止める方法がありましたら教えてください」と書いて、質問したのです。

どんなむずかしいことをいうか、と思っていたら、ボールドウィンさんの答えは簡単でした。「みんなが反対すればやめさせられる」、こういわれたのです。わしらは考えました。みんなが反対すれば戦争はもうできないんだ、「ああ、これはそのとおりだ」とわしは納得しました。わしが自分の土地を基地に使わせないための闘いを続け、そして反戦平和のための運動を続ける上で、このことばは実に大きな支えとなったのであります[11]。

阿波根が起こした反戦平和資料館「ヌチドゥタカラの家」（わびあいの里）には、今でも「みんなが反対すれば戦争はやめさせられる」ということばが大書され掲げられている。このバルドウィンのことばは、第一次世界大戦後の1923年創設の戦争抵抗者連盟（WRL）のモットーである、「人びとが戦闘を拒否すれば、戦争は止む」（"War will cease when men [and women] refuse to fight."）という兵役および戦争拒否の考えとも通底している。

そして、第二次世界大戦下、ユニオン神学生として徴兵登録拒否した後も生涯を通じて平和運動や人権運動に関わり、アメリカ国内で先導的な役割を果たしてきたデイビッド・デリンジャーは、ベトナム反戦運動では、1968年シカゴでの全米民主党大会のときに反戦集会を開催し、「暴動を扇動した」かどで起訴され無罪となった「シカゴ・エイト（のちにセブン）」の一人となり、また、日本のベトナム反戦運動とも交流があった。1966年には市民団体「ベトナムに平和を！市民連合」（べ平連）の招きで日本を訪れ、小田実と出会い、彼を（同行の歴史家ハワード・ジン夫妻とともに）「私の知る中で最も人情に厚くて思慮深い、創造的な公正と平和への働き手」と評し、その後数十年にわたり国際平和会議などを共催してきた。べ平連の会議では、お互いにこう確認したという。「反戦運動が本物であるためには、平時の日々の生活での関係において、人間性のよりよい部分を涵養し強化するような社会をつくりだしていかなければならない」[12]。良心的戦争拒否者の、世界大戦後のこうした活動、そして生き方に、あらためて戦争抵抗の信念と市民責任の融合が見られるのではないだろうか。

抵抗と創造——21世紀の地球市民としての平和責任

アジア太平洋戦争の日本の敗戦から4年経った1949年、反戦の想いをもち戦時下をくぐり抜けてきた哲学者、久野収は、「平和の論理と戦争の論理」と題する論考を発表した[13]。その中で久野は、平和の論理は、「戦争を方法として、論理として承認し、実践することを拒絶する点に成立するのであるが、この力と自信をわれわれは何をよりどころにして汲み出すことができるであろうか」と問いかけている[14]。国、社会、歴史や文化は異なれど、「戦争を方法として、論理として承認し、実践することを拒絶する」力と自信の拠りどころの一例として、本書で取り上げたアメリカ市民による良心的戦争拒否の思想と行動から学べることは、多いのではないだろうか。

久野は「戦争の論理」を、「集団による組織的暴力の行使」を特徴とし、「その目的、その手段の一切における暴力性、超論理性、ヒステリー性」が存在するものとして規定している。一方で「平和の論理」は、「単にその目的のみならず、手段においても、できるだけ平和性、論理性、健康性を守らねばならない」ものとしている。では、どのようにして「平和の論理」を「戦争の論理」に対峙させ、対抗させ、前者をして後者を抑えていけるのだろうか。久野は、戦争の論理の挑戦に「徹頭徹尾、抵抗してゆく」こと、そして「できうる限り無暴力であって、しかも徹底的な不服従の態度、できうる限り非挑発であって、しかも断固たる非協力の組織」が必要だと論ずる。こうした平和の論理の手法は、「受動的抵抗の運動」(Movement of Passive Resistance)と呼ばれていることを久野は紹介し、「平和の論理の積極的な第一歩は、戦争反対の目的のために、この運動を実行する信念と組織とエネルギーの如何にかかっている」と述べている[15]。

本書で見てきたように、「無暴力」(非暴力)や「不服従」、「非協力」は、アメリカにおける良心的戦争拒否の実践の、まさに中核的な手法であった。久野は「戦争を引きおこす条件に対する非協力、戦争を挑発する勢力に対する不服従、戦争を遂行する組織に対する受動的抵抗」こそが「平和の論理を実現するもっとも有効な保塁」だと強調する[16]。久野のいう平和の論理の実践の軌跡としても読める本書では、時代を通して、アメリカにおける戦争の論理に対する非協力や不服従、そして非暴力の抵抗の具体的実例を取り上げ、その論理と倫理を考察してきた。そこから、平和の論理を推進する「積極的な第一歩」としての、戦争の論理に抵抗する「信念」と「組織」と「エネルギー」のひとつのあり方が見えてくる。

まず、良心的戦争拒否の信念に関して、本書では、信念の倫理(an ethic of conviction)を分析概念として用い、その主観的意味、そして戦争拒否の行為へのつながりを考えてきた。戦争抵抗の信念、すなわち、良心的兵役・戦争拒否者の信念の倫理は、宗教的な平和主義から世俗的な人道主義や自由・人権思想に至るまで様々な背景をもつものであったが、宗教的なものにせよ、世俗的なものにせよ、その信念には、戦争の論理（ここでは、徴兵や徴用）を突きつけてくる国家と社会の多数派に揺るがないだけの強靭さが必要であった。平和主義小宗派によるキリスト教平和主義、とりわけ福音書にある「山上の垂訓」をもとにした無抵抗主義の固持、クェーカー派の「内なる光」に基づく個の尊重と良心の自由の実践、はいずれも、神の権威あるいはそれにつながる個人の良心がこの世の権威に勝るものとの理解に支えられていた。また、宗教に言及せずとも人道的な観点から反戦の信念を堅持し、良心の自由、社会奉仕の自由を求めた良心的拒否者は、そうした理念を抵抗の拠りどころとしていた。ここに、表に現れた宗教的要素の有無を問わず、信念と理念との結合が、戦時下で圧倒的力をもった戦争の論理に対抗する強さの源泉となっていることが確認できる。

次に、戦争の論理に抵抗していく組織は、キリスト教平和主義小宗派、とりわけ歴史的平和教会と呼ばれるクェーカーやメノナイト、ブレスレン教会が、数世紀にわたり存在している。こうした伝統的な組織に加え、アメリカでは様々な平和市民団体が形成されてきている。組織の特徴としての国際性、宗教性の濃淡は様々だが、たとえば両者を色濃くもつ友和会（FOR）から、宗教色のない戦争抵抗者連盟（WRL）、また、本書の事例を超えて代表的なものでは、女性の視点を運動に反映させる婦人国際平和自由連盟（the Women's International League for Peace and Freedom: WILPF）、そして第二次大戦以降の核兵器廃絶運動から発展したピース・アクション（Peace Action）、21世紀初頭から続く「対テロ戦争」に抗議・抵抗しているコード・ピンク（Code Pink）など、市民が戦争の論理に抵抗すべく自主的に集い、組織を立ち上げ、それを世代、あるいは世紀をまたいで継承してきている。こうした平和市民団体の存在は、国家の戦争政策にどれほどの影響を与えたのか、戦争を実際に止めることができたのか、という単なる政治的効果の尺度を超えて、そもそも民主主義社会において、市民が言論の自由、思想の自由、良心の自由を確保し行使できる公共空間、いわば市民活動の領域を活性化させること、そして国家の戦争の論理に対抗できる市民の代替案としての平和の論理を表明し、その実現に向けて動き出すこと自体に、社会的価値があるのではないだろうか。

そして、戦争抵抗のエネルギーは、こうした信念や組織を基盤とし、発揮されるのであろう。それらに加え、ここでは、市民責任の役割についても考えてみたい。本書では、戦争を拒否するふたつの倫理、すなわち、信念の倫理と市民責任の倫理を、良心的兵役・戦争拒否者の行動原理の中に見てきた。戦争拒否の信念の堅持が抵抗のエネルギーとなってきたことは明らかであるが、それだけではなく、あるべき社会への積極的な働きかけに存在する、市民社会の一員としての責任観も、戦争抵抗をおこなうエネルギーとして見逃すことはできない。刑務所内外での人種隔離政策に異を唱え、ストライキなどの行動に移していった兵役拒否者たち、スラム街での貧困・格差問題に取り組む兵役拒否者、また、民間公共奉仕のシステムで規定された「国家的重要作業」ではなく、自らの問題意識に基づき、自律した社会的関与を求めた兵役拒否者など、彼らの社会への働きかけに市民責任の倫理を見てきた。もちろん彼らの市民としての責任観は、戦争の論理には対決し抵抗するものであり、戦争参加を市民の責任（あるいは義務）と捉える多数派のもつ責任観とは異なるものであった。しかし、戦争拒否の信念とつながることによって、戦争の論理とは無縁の、あるべき社会の創造に向けて、彼らの市民責任の倫理は働いていた。このようにして、本書の事例からは、信念の倫理と市民責任の倫理の両者に裏打ちされた抵抗と創造のエネルギー、すなわち、戦争の論理への抵抗と（良心的兵役拒否者の考える）平和社会の創造のエネルギーが併存していることが、平和の論理を推進する一つのあり方として注目される。

これまで見てきた20世紀の世界大戦下のアメリカにおける戦争抵抗の論理と倫理、そして実践の軌跡から、21世紀を生きる私たちは、何を学び、受け継ぎ、活かしていけるのだろうか。ひとつには、理念と実践のつながりがある。本書で見てきた良心的兵役・戦争拒否者の思想と行動に顕著であったのは、価値と行為のつながり、あるいは理念と実践の連続性である。彼らの信じる非暴力や無抵抗主義は、そうした価値を反映した行為を堅持し、その価値に反するものには拒絶や抵抗をする行為につながっていった。そもそも、無抵抗主義や非暴力、良心の自由といった理念は、実践することによって、その内実が護られていくものであり、民主主義や国民主権といった概念と同様に、永続的な働きかけと行使のみがその存在を確かなものにする。そうした理念を抑圧する力の前で、実践することなく内なる理念にとどめておくかぎりには、いかに高尚な理念といえども、存在していることにはならないだろう。理念の擁護には、それぞれの時代における実践が求められるのである。このように価値・理念と行為・実践の連続性を考えていくと、日本国憲法前文や9条にある人権尊重や平和主義の理念は、単に「護る」ものから、どのように働きかけ、行為・実践に活かしていけるかと、積極的な行為を伴うものとなり、平和創造の可能性が開けてくるのではないだろうか。

また、21世紀を生きる私たちには、市民の手で平和をつくりだしていく責任が問われてきている。本書では、良心的兵役・戦争拒否者によるあるべき社会への働きかけを市民責任の倫理として捉えてきたが、その市民責任の倫理として、市民の「平和責任」が今後ますます重要となってくるだろう。自分たちの生きる社会――国際社会を含めた様々なレベルでの社会――を他人任せにし、他人ごとと捉えるのでは決してなく、民主主義社会の一員として、どのような社会で生きたいのか、どのような社会をつくっていきたいのか、どのような平和を求めているのか、をあくまで主体的に考え、その実現に積極的に関与していくこと。たとえば、安全保障の問題を安易に、条件反射のごとくに軍事の問題にすり替え、還元するのではなく、安全保障の内実を市民が検証し、軍事力に頼らない安全の保障のあり方を市民活動を通して追求できないだろうか。武力を使わずに、いや、武力を使わないからこそより有効に、それぞれの市民が様々な創意工夫を凝らし、国際社会の平和創出に関わっていく。このような市民としての自覚と責任に支えられた活動こそが、これからの地球市民に求められているのではないだろうか。

さらに、そうした市民の平和責任を発揮する場としての市民活動の領域の活性化、そしてそれを支える市民同士の横のつながりである自主的な市民団体の発展も重要だ。人権や平和などの倫理的価値とそれを実践する責任を伴う公共の領域としての、いわゆる市民活動圏（civic sphere）は、政治的権力や経済的合理性の影響を受けやすい、単なるオープン・スペースとしての公共圏（public sphere）とは異なり、倫理的価値に基づいた様々な社会運動を醸成し、推進する領域となってきた。[17]アメリカにおける平和市民団体の活動の政治文化的土壌とも言える。そうした市民活動圏を支える市民団体の存在の重要性は、先にも触れたように、強調してもしすぎることはない。軍事優先主義に突き進む政府、戦争を遂行する国家に、個人が直に向き合うのではなく、自主的な集団である市民団体が、いわばその緩衝材となり、サンクチュアリとなり、軍事や戦争でものごとを解決しようとしない理念を共有する個人をつなぎ、その活動の基盤（ベース）となるだろう。今後ますます、こうした市民による人権・平和団体を基盤にした市民活動圏が国境を越え、国際的なつながりをもつものとなっていくのではないか。

ふたつの世界大戦を経験し、核兵器をはじめとする武器技術の進歩により無差別大量殺戮がくり返された戦争の世紀、20世紀を経て、私たちの生きる21世紀は、市民が主体となって、行動し、平和を実現していかなければならない。戦争の論理に抵抗しつつ、市民が想像力を発揮して、できることから、様々な方面から、非暴力で、平和な社会を創造していく――。21世紀を、「政府の行為によって再び戦争の惨禍が起ることのないやうにする」ためにも、市民による戦争抵抗と平和創造の力量が、よりいっそう、問われている。

あとがき

2003年2月15日、ボストンで大学院生活を送っていた私は、退職後すぐ語学留学に来ていた父とともに、夜明け前の始発電車とバスを乗り継いで、ニューヨークへと向かった。ブッシュ大統領(当時)によるイラク戦争開始が秒読み段階に入ったのではないかという緊迫した状況のもと、大規模な反戦デモが国連前でおこなわれるというので、それに参加するためであった。現地に10時ごろ到着すると、すでに通りはデモに参加する人たちであふれていた。晴天で日差しはあったものの、その日の気温はマイナス10℃前後。そのような厳しい寒さの中でも人びとは全米各地から集まり、ボストンからもいくつもの市民団体が参加していた。満ちあふれる人で、直接、国連前には行くことができず、デモ参加者は迂回ルートをたどるよう要請され、国連前から1、2本隔てた通りを、まずは国連とは逆方向に10ブロックほど北上してから、国連前の通りを南下しなければならなかった。ところどころにニューヨーク市警が設置するバリケードにより、人の流れがせき止められ、後続の人たちが進めないほどに、通りは人で混雑している。人海を縫うようにして歩き、なんとかバリケードをまたぎ越し、1ブロック進んではまたバリケードを越えることをくり返し、国連前の近くにたどり着いた頃には、俳優で市民活動家でもあるハリー・ベラフォンテや南アフリカのデズモンド・ツツ主教などの著名人たちのスピーチがおこなわれているところだった。国連前の通りの何本かを10数ブロックにわたって埋め尽くした人の数は、およそ30万から40万人だったという。戦争や軍事介入をくり返し、「戦後」のないアメリカにあって、これほどの人たちがひとつの場に集い、反戦や平和への想いを声に上げ、あるいはそこに身を置くことでその想いを可視化させたこの日の反戦デモに、アメリカ市民社会の底力が表れていた。

翌日、『ニューヨーク・タイムズ』は、世界的に広まった2・15イラク反戦デモに関連して、「地球上には依然としてふたつの超大国・巨大権力（"two superpowers"）が存在しているようだ。それはアメリカと国際世論である」と記した。ロンドンでは、その地での史上最大規模の政治デモとなる100万人が参加し、マドリードでは150万人、そしてローマでは300万人もの市民が集い、イラク戦争反対の意思表示をした。世界中でおよそ800の都市で、合わせて1200万から1400万人の市民たちが「イラクで戦争をするな」と立ち上がったと言われている。ふたつの世界大戦を含めた大小さまざまな戦争のおこなわれた20世紀を経てきた私たちは、いかに少数の政治指導者が「テロに対する戦争」などと煽りたてても、この21世紀には戦争が問題の解決にはなりえないことを確信しはじめているのではないだろうか。"War is Not the Answer"――「戦争は解決策ではない」――との想いが、こうした世界的な反戦運動のうねりを支えている。「もう一つの巨大権力」としての市民による平和運動、そして国際世論の潜在力は、今後ますますその重要性を増していくに違いない。

本書は、私がボストン大学大学院社会学部に提出した博士論文より主要部分を抜粋、翻訳し、さらに論点や背景がつかみやすくなるように修正・加筆したものである。平易な表現を心がけたつもりだが、翻訳調が抜けきらない箇所については、読者のご寛恕を請い、また、法律文書や18世紀の海軍や民兵組織の状態、当時のキリスト教小宗派の内部文書などの翻訳について、不適切あるいは不正確な表現にお気づきの方には、ご教示・ご鞭撻のほどをお願いする次第である（原典・原文の詳細については、註のほか、拙著*Ethics of Conviction and Civic Responsibility: Conscientious War Resisters in America During the World Wars* [University Press of America, ２００８]をご参照いただければ幸いである）。

私がそもそもアメリカの良心的兵役・戦争拒否の問題に関心を抱いたきっかけのひとつに、日本の戦時中の「赤紙」のもつ重みがある。国が一銭五厘で召集令状を発出した際、それを受けとる国民の対応は、内心どのような想いや考えをもとうとも、表向きには、「おめでとうございます」、「ありがとうございます」など、画一化されたものが社会的規範として強く求められていた。個人の内心がどうあれ、逸脱を許さないのが、全体主義国家であり、その社会であった。もちろん、なかには国策である戦争やその大義名分――「大東亜共栄圏」をつくりだす「聖戦」――に何の疑問も抱かず、本心からよろこんで召集に応じ、戦地に赴いていった若者もいたであろう。しかし、全体主義国家に垂れこめた、本音や良心の叫び、異論を決して許さない重苦しい雰囲気にあえいでいた人たちがいたことも事実である。個人の良心や良識、本心や本音が抑えつけられた社会、その中にあって内心と表向きの行動との乖離に苦悩した人たち——彼らの体験した国家の重みはどのようにして乗り越えていけるのであろうか。

一方、アメリカ社会においては、いわゆる「赤紙」の重みは軽々と(?)乗り越えられているかのように見えた。とりわけ、ベトナム戦争反対運動に参加する大勢の若者たちの姿は対照的だ。政府の戦争に公然と異を唱え、教会や大学構内など公衆の面前で、大っぴらに、送られてきた徴兵カードを燃やしたり、破棄したり、政府に送り返したりしていた。実は彼らとて、裁判や刑罰を覚悟してのことで、軽々とできる行為では決してなかったのだが、日本で「赤紙」をこのように扱うことは、時代の違い(それはほんの20年ほどのことだが)を差し引いても、それこそ夢にも思いつかなかった行為であろう。絶対的とも思える国の徴兵義務に対して、明確に「ノー」を突きつける。どうしてそのようなことができるのだろうか。その原点を知りたくて、この研究を始めた。

すでに刊行された当事者の記録や政府資料以外の一次資料については、その多くをスワスモア大学のピース・コレクションに依った。フィラデルフィア郊外にあるこの著名なクェーカー系大学の図書館には、クェーカー史以外にも、アメリカにおける市民平和運動の資料が、全米随一と言っていいほどの規模で集められており、大戦時に出版されるも今は入手困難な文書をはじめ、未刊行の証言や手記、手紙、日記など、さらには平和関連集会のビラに至るまで、その膨大な一次資料の量に、アメリカ市民運動の力を感じとることができる。こうしたアーカイブ、市民活動の記録庫の存在は、現在の、そして未来における市民活動——ひいては民主主義——をたしかに支えるものであろう。日本でも、とりわけ平和研究所を擁する大学機関にて、市民平和運動の一次資料を整理したアーカイブの整備が望まれる。デジタル保存された資料の共有が進められれば、世界的にもそのネットワークが広げられ、それこそ市民活動圏のグローバル化に資するであろう。

また、研究を進める中で、ニューイングランド（マサチューセッツ近隣州）在住の様々な良心的兵役・戦争拒否者の方々に直接お話をうかがうこともできた。第二次世界大戦、朝鮮戦争、ベトナム戦争など、それぞれの戦争で、多様な兵役・戦争拒否のご自身の体験を、時には当時を思い出してか、涙ながらに語ってくださった方もいた。「国のために」軍務に就くことが依然として英雄視されているアメリカ社会にあって、たとえ良心的であろうと、兵役を拒否する行為は、大っぴらには語りづらい、プライベートな領域に属する問題であるにもかかわらず、異邦人である私に胸中を開いてくださったことに、感謝の念は尽きない。本書ではその内容を直に反映させることはできなかったが、アメリカ社会における良心的兵役・戦争拒否の背景や実態の理解を深めるうえで、刊行物やアーカイブ資料からだけでは得られない、貴重な機会であった。

本書を刊行するにあたり、このような研究を様々なかたちで支援してくださった方々に謝辞を述べたい。まずは、社会学ではそれほど取り上げられていない良心的兵役拒否の問題を博士論文のテーマとして認め、指導してくださったボストン大学社会学部のスティーブン・カルバーグ教授。研究や論文執筆が遅々として進まないときにも、常にあたたかく励ましてくださった。進捗状況が思わしくなく、重い足どりで教授の研究室に向かうも、面談を終え、そこから出てくるときには、心も軽く、やる気に満ちていたことは、よくあることであった。そして、博士論文審査委員を務めてくださった、今は故人となられたジョージ・サーサス教授、そしてジェフリー・コールター教授、デイビッド・シュワルツ教授、ピーター・イェーガー教授の励ましにも感謝を申し上げたい。また、ボストン大学においては、生活費を捻出するために日本語の授業を何年にもわたり担当させていただいたが、日本語教育に関して門外漢である私をあたたかく迎え入れてくださった当時の現代外国語学部の先生方、特に広島出身で長年アメリカの大学で教鞭をとられ、また、地域の平和市民団体の活動にも積極的に参加されていた、今はもう亡くなられた、キャンベル・枝松・一枝先生。日本語を教えはじめたころ、先生の授業を拝見し、その教室の建物から出た道すがら、アメリカにおける原爆投下観の話をしていた際、私のことを平和問題・平和運動における「同志」と呼んでくださったことを、今でも鮮明に覚えている。

さらに学外においても、いろいろな方のご支援を受けてきた。アメリカフレンズ奉仕団（AFSC）のニューイングランド支部で国際関係（とりわけ核問題）を専門にするジョセフ・ガーソンさん。初めてお目にかかったのは、たしか、隣町ケンブリッジ市の図書館でおこなわれていた米軍横田基地問題の集会であった。２０００年の沖縄サミットの際には、「ボストン・オキナワ・ネットワーク」なるグループを立ち上げ、サミット当日の地元紙に全面の意見広告を出そう、と署名および資金集めに共に奔走した。「"No" To U.S. Bases!」（アメリカ軍事基地に「ノー」！）と大書された全面広告には、1600筆以上集まったアメリカ市民の署名から多数の名前がぎっしりと並べてある（2000年7月21日『沖縄タイムス』12面）。ご自身も良心的兵役・戦争拒否者で、ベトナム戦争時には兵役・戦争拒否のカウンセラーもしていたガーソンさんには、ニューイングランドにおける戦争抵抗や平和運動について、実際に一緒に関わりながら、様々なことを教えていただいた。また、ケンブリッジ市にあるクェーカー派の集会所であるケンブリッジ・フレンズは、平和・社会問題の市民集会の場を提供するだけでなく、その会員やニュースレターを通して、反戦や平和問題に関心のある人たちの、ボストン近郊におけるネットワークの中心のひとつとなっている。私が様々な良心的兵役・戦争拒否者に直接お話をうかがうことができたのも、そうしたつながりに入れていただいたおかげである。

電子メディアの興隆著しい今日、厳しい状況にある出版業界にあって、本書のテーマにあるような戦争抵抗の問題に関心を寄せ、助言をくださった編集者の方々にもお礼を申し上げたい。戦争抵抗と平和創造を連続したものとして捉え、市民が平和をつくりだす、「平和創造学」の名づけ親でもある法律文化社の小西英央さん。また、人文書院の青木拓哉さん、ミネルヴァ書房の冨士一馬さんにも本書の内容に関して、貴重なご意見をうかがうことができた。そして大月書店の木村亮さんには、本書を世に出すにあたり、本書の可能性を信じ、適切な助言をくださり、書籍制作・出版の労をとられたことに感謝申し上げたい。

最後に、長年にわたる留学生活を支え、見守ってくれた両親に甚謝の念を捧げたい。

＊＊＊

いわゆる「対テロ戦争」がアメリカの為政者によって開始されてから20年が経つ。その戦争によっていったい何が解決されたのであろうか。アフガニスタンやイラクなどで失われた多くの――100万人近い、あるいはイラクだけでもそれ以上の――いのちを想うとき、「テロに対する戦争」のつもりが、実際には、戦争自体がテロであることが明らかになった20年であった。「戦争は解決策ではない」――昨今のロシアによるウクライナ侵攻においても、戦争・軍事力による問題の解決はありえないことが、明白になっているのではないだろうか。はたして私たちは、北大西洋条約機構（NATO）や日米安保体制などの軍事同盟を解決策と見るのか、あるいはそれが地域に軍事的緊張を高め分断をもたらす要因と考え、非軍事的な解決策を探るのか――。広範かつ長期的な観点から見極められる英知が求められている。

2022年3月14日　父の15回目の命日に

師井　勇一

註

序章

（1）笠原芳光「日本基督教団成立の問題」同志社大学人文科学研究所編『戦時下抵抗の研究』Ｉ巻、１６６〜１６７頁。

（２）日本基督教団創設後、数年を経た１９４４年に、この全国大会をふり返る次のような記述がある。「而して遂に名実とも日本の基督教会を樹立するの日は来た。我が皇紀二千六百年の祝典の盛儀［11月10日の紀元二千六百年式典——引用者註、以下同じ］を前にして我ら日本の基督教諸教会諸教派は東都の一角に集ひ、神と国との前にこれら諸教派の在来の伝統、慣習、機構、教理の一切の差別を払拭し、全く外国宣教師たちの精神的・物質的援助と羈絆から脱却、独立し、諸教派を打って一丸とする一国一教会となりて、世界教会史上先例と類例を見ざる驚異すべき事実が出来したのである。これはただ神の恵みの佑助にのみよる我らの久しき折の聴許であると共に、我が国体の尊厳無比なる基礎に立ち、天業翼賛の皇道倫理を身に体したる日本人基督者にして始めて能く為し得たところである。かかる経過を経て成立したものが、ここに諸君に呼びかけ語ってゐる『日本基督教団』である」（同上、１７７頁）

（３）その典型例が、１９４３年のいわゆるバーネット事件最高裁判決（*West Virginia State Board of Education v. Barnette*, 319 U.S. 624 [1943]）で、エホバの証人（灯台社の源流！）信徒の、公立学校での国旗への敬礼や忠誠宣誓の唱和をしない権利を擁護した。国民意識を高揚させるこうした社会的儀式よりも、個人の信教・良心の自由、表現の自由を重んじた判決が、しかも戦時中に出たことは、注目に値する。一方、戦時中の灯台社の弾圧は言わずもがな、今日、21世紀になっても「日の丸・君が代」を学校で強制しつづける日本の状況を鑑みるに、彼我の政治文化の差異に感じ入らざるをえない。2011年に出た最高裁判決（最判2011・6・6民集65巻4号1855頁）では、学校の式典などでの国歌斉唱時の起立と斉唱を求める職務命令は、教職員の思想および良心の自由の「間接的な制約」となることを認めつつも、式典の執行には「必要性及び合理性」があり、「君が代」の起立斉唱は「慣例上の儀礼的な所作」の範囲内とし、歴史認識や信仰をもとにした、また多国籍の生徒の人権を配慮した教職員の起立しない権利や歌わない権利は、依然として認められていない。

（4）同志社大学人文科学研究所編『戦時下抵抗の研究――キリスト者・自由主義者の場合』みすず書房、Ⅰ巻1968年、Ⅱ巻1969年。

（5）たとえば、同上Ⅰ巻、4、9～10、15頁、Ⅱ巻、458～459頁など。

（6）後に著名な平和活動家となるこの二人の「ニアミス」は、賀川の留学がトーマスの卒業の2年後の1914年からであった。もっとも、トーマスの学部卒業に対し賀川は神学校入学であったため、たとえ同時期に在籍していたとしても、キャンパス内で二人が交流する可能性は低かったであろう。

（7）平和主義の歴史の大家であるピーター・ブロックによれば、軍務に対する「良心的拒否」（“conscientious objection”）ということばは、1846年にイギリスで初めて使われた。Brock, *Freedom from War*を参照。国民反民兵協会はその目的を「軍務に対して良心的に拒否する者、そして自ら拒否することを代わりに他人にしてもらうためのお金を支払わない者を守るため」と宣言している（p. 319, n. 47）。また、*The Oxford English Dictionary* 第2版によれば、第一次世界大戦前に「良心的拒否」ということばは、戦争や軍務、あるいは徴兵制を拒否する意味では使われていなかった――「ワクチン接種に対する良心的拒否者は、（中略）すべての刑罰を免れる」（1899 *Whitaker's Anl.* 400/1）、「ワクチン接種は、例外なく強制的になされるべきだと、適切に打ち出したものの、現時点においては、『良心的拒否者』（“the conscientious objector”）を認めている」（1910 *Blackv. Mag.* Mar. 424/1）。第一次大戦下でようやく、このことばは、戦争に対するものとして使われはじめる。「彼は先日、戦争に対する良心的拒否を根拠に例外措置を申請するために裁判所に出頭した」（1916 A. Huxley *Let.* 10 Mar. [1969] 93）。また、

「良心的拒否者は、ロンドンで受けたほど、ひどくはヤジをとばされなかった」(1916 A. Huxley *Let.* 2 Mar. [1969] 92)。なお、本書における英語文献からの翻訳は、断りのないかぎり、すべて著者による。

(8)原語では、"non-resistants", "non-combatants", "those scrupulous against bearing arms"。Wright, *Conscientious Objectors in the Civil War*, p.1参照。

(9)Weber, *Economy and Society*, pp. 54,56を参照。また、『職業としての政治』にある、やや角度を変えた国家の定義も参照のこと。マックス・ヴェーバー『職業としての政治』8〜11頁参照。

(10)Weber, "Politics as a Vocation", p. 78からの著者による重訳。前掲の日本語版『職業としての政治』には「国家も(中略)正当な(正当なものとみなされている、という意味だが)暴力行使という手段に支えられた、人間の人間に対する支配関係である」(10頁)とある。

(11)アメリカ国内の、そして国際的な良心的兵役拒否の一般的な動向に関しては、Moskos and Chambers, eds., *The New Conscientious Objection* を参照のこと。アメリカでは、1970年までには国が宗教的理由の他に非宗教的理由による良心的兵役拒否の権利を認めてきた。しかしながら、その権利を得るには、すべての戦争に反対しなければならなかった。選択的戦争拒否は、決して認められてきてはいない。この点に関して、ジョン・ロールズの観察は示唆に富む。

国家は、平和主義を認めてそれに特別の地位を与えるのに、断固反対してきたわけではない。いかなる状況にあってもすべての戦争に参加することを拒否することは、現世離れをした立場であって、小宗派の教義にとどまるものである。カトリック神父の独身主義が結婚の尊厳を脅かさないように、平和主義の認可は国家の権威への挑戦とはならない。平和主義者を国の法規の例外にすることによって、かえって国家は、その寛大さを見せることにもなる。Rawls, *A Theory of Justice*, p. 382.

(12)良心的兵役拒否者の犯罪者扱いは、いずれの戦争にも見られたであろう。ニジェル・ヤングは、新しい国家の建設において、「反逆、逃亡、反乱は、主権および領土権益に対する罪であり、死罪になる。戦争抵抗者は、これらに近い者として考えられる」と述べている。Young, "War Resistance, State, and Society," p.100参照。

(13)さらに、ことばの最も広範に意味するものとして、

「良心的戦争拒否者」を字義的に解釈すれば、自分自身の武器携行や徴兵、軍務を拒否する者だけでなく、軍事体制一般を、そして戦争準備や戦争遂行命令の様々な側面——たとえば戦争税や罰金、民間ではあるが戦争に関連する奉仕活動——を拒否する者も含まれる。それは、徴兵年齢に達した健康な青年男子だけにとどまらず、良心を理由として国家の戦争政策や関連の法律に協力を拒み抵抗する者すべてを——老いも若きも、女性も男性も——包括する概念となる。こうした人たちは通常、「戦争抵抗者」と呼ばれる。良心的兵役拒否者のすべてではないが一部は、戦争抵抗者でもある。しかし、徴兵された戦争抵抗者と一般市民の戦争抵抗者とは、次の重大な一点でその性質が分かれる。すなわち、徴兵された抵抗者は、国家の軍役への命令に直面し、何かしらの行動をとらざるをえない。何もしないでいることは、彼らには選択できないのである。

（14）ウェーバーの「心情倫理」（あるいは「信条倫理」）と「責任倫理」については、ヴェーバー『職業としての政治』を参照。

（15）Thomas, *The Conscientious Objector in America*, p.vi参照。

（16）Weber, "'Churches' and 'Sects' in North America"、またはスティーブン・カルバーグ『アメリカ民主主義の精神』を参照。

第1章

（1）Brock, *Pacifism in the United States*, p. 55; Brock, ed., *Liberty and Conscience*, pp. 7-9. この事例が記録された原資料は、*A Collection of the Sufferings of the People called Quakers, for the Testimony of a Good Conscience*（London, 1753）で、その著者であるジョセフ・バッセは、その日付を特定することは困難で、年にしても１６５８年かそれ以前ではないかと推測している。

（2）Brock, ed., *Liberty and Conscience*, p. 7.

（3）「カエサルの物はカエサルに、神の物は神に納めよ」。新約聖書マタイ伝22章21節などより。

（4）平和主義小宗派諸団体の無抵抗主義をこのように特徴づけて分類することは、単純化しすぎている部分もあるかもしれない。それぞれの小宗派の中でも、たとえば戦争税の支払いや代替作業への参加など、無抵抗主義の具体的行動に関して意見の割れる問題があったし、また、時代や戦争が異なれば、それぞれの平和主義教会の中でも、軍に対する参加や協力、無抵抗の度合いは教会員によって異なっていた。

（5）ピーター・ブロックは、メノナイトやブレスレン教会の人たちをこう見ている。「[彼らは] 権力者によって要求された税金を支払うことは、宗教的義務であると信じていた。彼らの支払ったお金で何がなされるのかは、完全にカエサルの専管事項であった。メノナイトとブレスレンの無抵抗主義に関するかぎり、独立戦争から南北戦争に至るまでの間、大した問題となることはなかった。それぞれの青年たちは、民兵拒否の罰金を支払い、家族農場で働きつづけた。当局でも、ドイツ語を話す平和主義小宗派の伝統的な反戦思想に対して注意を払うことはなかった」（Brock, ed., *Liberty and Conscience*, p. 117）。また、南北戦争時の良心的兵役拒否者を研究したエドワード・ライトによれば、クェーカー派であるキリスト友会（The Society of Friends）は、南北戦争時、「良心を根拠として兵役からの無条件免除を主張した唯一の兵役拒否者の組織であった」（Wright, *Conscientious Objectors in the Civil War*, p. 5）。ライトはこうも記している。「平和主義を信奉する様々な教派で、その根本的な平和主義に背いた者に対する教団の態度は、全体的に非常に寛大であった。実際、キリスト友会を除いたすべての教派は、兵役免除費用の支払い、あるいは代替人の雇用さえもその主義に背くことはないと考えられていた。最大限強調されていたのは、血を流すことの罪であった」（同上、p. 205）

（6）Russell, "Development of Conscientious Objector Recognition in the United States," p. 412参照。最初の連邦兵役法は、1863年3月3日に制定されたもので、「国軍およびその他の目的への参加と召集に関する法律」（"An Act for Enrolling and Calling out the National Forces, and Other Purposes"）と名づけられた。しかし、全米に影響を及ぼした最初の連邦兵役法は、第一次世界大戦時につくられた1917年5月18日の選抜兵役法であった。

（7）同上。

（8）法令における最も古く最も寛大な良心的兵役拒否者の民兵免除規定の一つは、1673年のロードアイランド植民地におけるものであった。以下の植民地も条件つきではあったが、それぞれの民兵法で良心的兵役拒否者を免除していた。「ニューヨーク、1755年2月19日の法律（代替金の支払いか代替人の供出でクェーカーは免除)、マサチューセッツ、1757年12月31日の法律(代替金の支払いでクェーカーは免除)、バージニア、1766年11月の法律(代替人供出により、クェーカーは点呼召集から免除――後にメノナイトも免除される)、ノースカロライナ、1770年12月5日の法律(クェーカーは民兵点呼に出頭の義務なし)」同上、p. 413, 註16より。

(9) Brock, ed., *Liberty and Conscience*, p. 19. 原典は、*Friends' Miscellany*, vol. 10, *Journal of Joshua Evans* (Philadelphia, 1839), pp. 19–21.

(10) 同上、pp. 19–20。

(11) Brock, ed., *Liberty and Conscience*, pp. 14–19. 原典は、*A Narrative of Some Sufferings, for His Christian Peaceable Testimony, by John Smith, late of Chester County, Deceased* (Philadelphia, 1800), pp. 10–18.

(12) Woolman, *The Journal of John Woolman*, pp. 65–66.

(13) 同上、p. 67。

(14) 同上、pp. 67–68。

(15) ウールマンはこう論じている。「公務に携わる人たちは、よい目的をもち、いい法律をつくる者もいれば、その法律が破られないようにする者もいる。さて、こうした人たちがもし、その公務の目的にそぐわないことをしたとき、そして彼らが間違っていると私たちが確証したときに、彼らをその公務にて私たちが諸手を挙げて支えることは、彼らの過ちを強化することであり、それが誤りであることを彼らに忘れさせてしまうことになる。しかし、事態の明晰とした理解でもって、私たちが税金の使われ方に対して不安を覚え、それを積極的に支払うよりは私たちの財産を差し押さえられることを謙遜の心持ちで耐えるのならば、それは、実直な生活に裏づけされているならば、彼らの公的なふるまいに再考を促すことができるかもしれない」(同上、pp. 74–75)。こうした市民政府と市民の役割に対する考え方は、来る世紀に次々と現れてくる。とりわけ、19世紀のソローと20世紀のキング牧師である。ソローに関しては、第4章を参照。キング牧師については、「バーミンガム拘置所からの手紙」にある有名な一節を挙げておく。「良心が不正義だという法律を破り、その不正義に関して地域社会の良心を目覚めさせるために入獄することでその罰をよろこんで受け入れる者は、実際のところ、法に対するまさに最高度の敬意を表しているのである」(Lynd, ed., *Nonviolence in America*, p. 469)

（16）「いまや戦争の惨禍は拡大している。ペンシルバニアの辺境地帯の入植者は頻繁に脅威を受け、インディアン［原住民］によって何人かは殺され、多くは捕虜になっている。そしてこの委員会が［戦争税の問題で議論し］集まっているときに、そのようにして殺された遺体のひとつがワゴンに載せられ、血のついた服のままで町の通りを引いていかれ、人びとを警戒させ、戦へと煽っていた。

したがって、クェーカー教徒は戦争税に関して一枚岩ではなく、戦争税に良心のとがめを感じていた者にとっては、困難であった」（Woolman, *The Journal of John Woolman*, p. 68）

これ以降、クェーカー教徒は、戦争税の問題と格闘した。１８０１年、ラフス・ホールは、戦争税支払いについて困惑し、分かれた意見を日記に記している。「宗教的精神的内容を含む疑義に関して答えるときとなり、精査の要る問題もいくつかあった。とりわけ、税金の支払いに関しては、多くのクェーカー教徒が、たとえば要塞や軍艦などの建設という戦争のような目的を支えるために支払っていると考えた。しかし、この税は、他の税金と混ぜているので、その見分けは容易ではなかった。反戦への宗教的原理原則とは相容れないからと、その税金を支払わない者もいれば、すでに支払った教徒までいる。この点に関して一貫して行動できるように、クェーカー教徒は保護されるかもしれない、との懸念も出た。ニューヨークのクェーカー教徒は、一般に［戦争税を］支払うと考える人もいる。また、かつてイギリス領であったとき、私たちは王に納めるべきものを横領しないといった線で疑問に答えなければならなかった。この点に関して、王と議会との違いは見ることができなかった。それゆえ、私たちは、以前していたように、今もこうした税金を納めるのがいいのではないかと。それとは反対に、私たち教徒が別の人びとあるいは集まりとして育まれたその基盤には、柔和な良心のとがめがあり、この基盤、すなわち神のみ光の原理において、その改革が常に寄って立ってきたところであり、これが継続されるには、まだその基盤の上に立たなければならない。したがって、解決方向を見出すのに、ニューヨークやロンドン、ましてや古き慣習を見習っていては、クェーカー教徒は、うまくやっていけないだろう。改革の仕事があるからには、後ろ向きではなく、またじっと立ち止まるのではなく、前へと進めていかなければならない」（Brock, ed.,

Liberty and Conscience, p. 81. Originally from: *A Journal of Life, Religious Experiences, and Travels in the Work of the Ministry, of Rufus Hall, late of Northampton, Montgomery County, in the State of New York* [Byberry, Penn, 1840]）

（17）*The Journal of John Woolman*, pp. 68-69. 同じ頃、日記にこうも記している。「私は、実践と原理とが調和する宗教の真の核心に生きることのよさをふり返るいい機会を得た」（同上、p.70）

（18）Brock, ed., *Liberty and Conscience*, pp. 174-75. Originally from: *Transactions and Changes in the Society of Friends, and Incidents in the Life and Experience of Joshua Maule. . .*（Philadelphia, 1886）

（19）同上、p. 178. ここで別のクェーカーであるベンジャミン・ハロウェルの事例と比較されたい。彼の場合、無抵抗主義を実践しつつも、平時における民兵召集への罰金を支払うことに個人的には疑問に思いながらも、支払いを勧める小宗派に対する忠誠心が上回っていく。「1824年にDCのアレキサンドリアに居を構えて1年ほど経った頃だろうか、その地区の民兵団長が私に昨年分の召集違反金として15ドルの請求書を突きつけてきた。一年に5回の召集で、1回の欠席で3ドルずつの罰金というわけだ。私は民兵団長に、私の属する宗教団体のきまりではその成員が軍事に関することにいかなるかたちでも携わってはいけないこと、そして法が下すどのような刑罰をも甘受することを説明した。すると民兵団長は、違反金と同額相当の財産を差し押さえなければならない、と言い、私にどの物品を差し押さえに出したいか決めるように尋ねた。私は、そのことに関しては何も言うことはできないが、法の執行に関してはすべて団長に任せる、と言った。そこで彼は、居間の家具や大きな鏡、私の携帯用書き机、真鍮の薪載せ台、シャベル、火ばさみ、その他いくつかの物を徴収した。品のある人なら参加しないような競売で、物品はかなり安く叩き売られたので、違反金15ドルの支払いに対して、私たちが50ドルで買い揃えられる以上の物が取られた。しかし、私はフレンド会［クェーカー派］によろこんでその犠牲を払った。会から受ける数多くの特権があるゆえに。だが、私たちの居間からかなり物が取られた。これが私の前途なのだろうが、毎年このような奪い取りがおこなわれれば、それは過重な税ではないだろうか……。

　私は、戦争準備への軍事訓練に対して宗教的戒律からして反対している。しかしながら、法律に対しては高き敬意と尊敬の念を抱いている。私は心中、法に忠実な市民であって、法に反することを率先するのでは決してなく、法によろこんで従う、あるいは従わない者に課せられる罰をよろこんで受ける、いずれの準備もできている。

　市民社会の一員として、私はこの点に関して、法に従わない者に課せられる罰金を支払うのは、個人的には正しいと思う。それは、現在フレンド会の規律でおこなわれている動産差し押さえによって罰を受け入れるよりも、一般的効果ははるかにいいのではないかと信じるゆえだ。しかし、フレンド会が生まれながらの会員の私に与えてくれた、そして今も与えてくれている特権に深く感謝し、私は、会の規律が会員に対してそのような罰金を支払わないようにしている間は、そのような罰金を支払うことはないであろう。これは正しいやり方だろうか。私たちは、似たようなこと——すなわち市民の宗教団体への義務を国への義務より上に置くこと——で教皇とローマカトリック教会を責めないだろうか」（Brock, ed., *Liberty and Conscience*, pp. 83-84. Originally from: *the Autobiography of Benjamin Hallowell* [Philadelphia, 1883], pp. 210-12.）

（20）Woolman, *The Journal of John Woolman*, pp. 71-72.

第2章

（1）Brock, ed., *Liberty and Conscience*, p. 42. Originally from: Margaret E. Hirst, *The Quakers in Peace and War: An Account of Their Peace Principles and Practice*（London, 1923）.

（2）同上、pp. 42-43.

（3）このアンティグア島のクェーカー教徒間の代替作業をめぐる論争では、１７０８年にロンドンの本部へそれぞれの立場を代表する書簡が送られることとなった。この件を記述した著者によれば、「１７０９年の迫害者問題委員会（the Meeting for Sufferings）からの回答は、物怖じと用心深さに満ちていて、寛容なる英国政府への真正な忠誠と相まったものであった。それは18世紀前半のクェーカー教派のリーダーシップを象徴するものであった」（同上、pp. 44-45）。また、ブロックはこう記している。「フレンド会創設の初めの2世紀半にクェーカー教徒によって著された膨大な論争、解説、祈禱文の中の平和問題に割かれた（他の項目に比べて）わずかな分量から判断すれば、クェーカーの戦争に反対する言明は、この時期においてのフレンド会の最優先課題とは考えられていなかった。しかしながら、戦争反対への忠誠は、忠なるクェーカー教徒には必要不可欠な態度であった」(Brock, *Pacifism in the United Sates*, p. 12.)

(4) Brock, ed., *Liberty and Conscience*, p. 43.

(5) Brock, ed., *Liberty and Conscience*, p. 85. Originally from: *A Memorial of the Religious Society of Friends to the Legislature of Virginia, on the Militia Laws, with a Letter from Benjamin Bates,* (*Bearer of the Memorial*) *to a Member of the Legislature* (New Bedford, MA 1813). 1818年、シェーカー(Shakers)と呼ばれる小宗派がニューハンプシャー州議会に対して陳情書を提出した。その中で彼らの良心的兵役拒否を説明し、軍役からの免除を願い出ていた。彼らは、まずもって良心の権利を訴えている。

「私たちの宗教会派は、神への務めと平和と人びとへの善意の原理に基づき、良心の務めを人と創り主との間の特別事項だと心得ています。よって、この会派の成員として、私たちは、この重要な問題に関するいくつかの考えをこの州の議会に考慮していただけないか、陳情いたします。

すべての自由政府は、良心の自由が奪うことのできない権利であることを自明の真理として認めています。したがって、いかなる人間の権威も良心に関しては、その神聖なる要求に対していかようにも、またいかなる理由づけであっても、統制あるいは介入するどのような権限ももっていないのであります。

また、よく知られているところではありますが、良心の事柄への強制は、私たちの州と国の基本法をつくり制定した尊敬すべき自由の志士によってもたらされた寛容な原理に、真っ向から反することであります」(Schlissel, ed., *Conscience in America*, p. 74.)

(6) Brock, ed., *Liberty and Conscience*, p. 87.

(7) Schlissel, ed., *Conscience in America*, p. 78.

(8) 同上、pp. 76-77。そして次のように主張は続く。

「そのような妥協は、神に対する根源的な侮蔑である。というのも、一方で私たちの財産でもって神に対して罪を犯しつつ、政府から私たち自身が神に奉仕する自由を購入することを義務づけられているからである。私たちはこれをすることはできない。よって、兵役代替人を調達することや、私たちの役務と同額のお金を支払うことは、ともに同じ目的を推進するゆえ、私たちの良心に決定的に反することである。したがって、良心の自由をいのちそのものよりも大切に考える私たちは、最も神聖なる務めの義務により駆り立てられ、私たち自身の兵役、

および代替人の雇用、代替金の支払い、または戦争の要因を支持し煽るいかなる行動も辞退する」（p. 77）
（9）Brock, ed., *Liberty and Conscience*, p. 88.
（10）クェーカー教徒はこう論じている。「良心の自由は創造主からの人間への贈り物だと信じ、クェーカー教徒は、いかなる人間的権威へのどのような金銭的あるいはその他の代替的な支払い方法によっても、その行使の自由を購入することをこれまでずっと拒否してきた。

　他のどのような市民層からも、３００ドルの支払いや病院でのあるいは解放奴隷への奉仕活動が求められているわけではない。こうした活動がクェーカー教徒に要求されるのも、戦争への良心的な疑念に対する結果であることは明らかである。そのお金を支払うこと、もしくは奉仕活動をおこなうことは、人間の権威がキリスト教徒の良心の自由を弱め、統制することもできると認めることになる。私たちフレンド会は、それを一貫して拒否している」（Wright, *Conscientious Objectors in the Civil War*, p. 217. Originally from the minutes of the Meeting for Sufferings of the Philadelphia [Orthodox] Yearly Meeting in 1865.）
（11）Wright, *Conscientious Objectors in the Civil War*, p. 131; also in Schlissel, ed., *Conscience in America*, p. 100. Originally from: Ethan Foster, *The Conscript Quakers, being a narrative of the distress and relief of four young men from the draft for the year 1863*（Cambridge, MA 1883）.

第３章

（1）Cooney and Michalowski, eds., *The Power of the People*, p. 23; Schlissel, ed., *Conscience in America*, pp. 57–58.
（2）Brock, ed., *Liberty and Conscience*, p. 93. Originally from: *A Dialogue between Telemachus and Mentor on the Rights of Conscience and Military Requisitions*（Boston, 1818）.
（3）同上、p.98。Originally from: *Report on the Injustice and Inequality of the Militia Law of Massachusetts, with Regard to the Rights of Conscience*（Boston, 1838）. 法的には、すべての宗教団体への良心的兵役免除は、１９４０年の選抜訓練兵役法まで与えられなかった。
（4）同上、p. 96。
（5）同上、p. 95。
（6）同上、pp. 95–96。以下の記述は、聖書にある寓話のような体裁をとって、対立する権威――「真の神」と

「偽の神」――とそれに相当する少数派である戦争拒否者と戦争を支持する（もしくは少なくとも戦争に従う）多数派の対比をわかりやすく描いている。「向こう見ずな血なまぐさい悪魔の大きな黄金の偶像が、私たちの国に建てられ、そこに住むすべての民は、それに頭を垂れ、崇めるよう求められた。多くの民は、そのきらびやかでもっともらしい偶像の前にひれ伏し、盲信的によろこんで崇拝したが、その偽の神に決してひざを曲げることのなかったごく少数の者もいた。その少数のすべての者に、その不敬虔な儀式に参加しないという、そしてその不神聖なる祈禱に声をあげないという決意を堅持させよ。偶像の崇拝者が忠誠の宣誓を拒む者に対してなす運命がどのようなものであれ、その神を否定する者たちを、その心を罪悪感によって汚すのではなく、それに対する刑罰をよろこんで受けさせよ」（同上、p. 100）

（7）Lynd ed., *Nonviolence in America*, p. 29. Originally from: "Declaration of Sentiments adopted by the [American] Peace Convention, held in Boston, September 18, 19 and 20, 1838," *Selections from the Writings and Speeches of William Lloyd Garrison*（Boston, 1852）.

（8）Weber, "Politics as a Vocation," pp. 119–20; "Religious Rejections of the World and Their Directions," p. 334.

（9）Brock, ed., *Liberty and Conscience*, p. 97.

（10）同上、p. 98–99.

（11）同上、pp. 102–3, 106, 122–25. 民兵の罰金に関する一つの例が、デイビッド・キャンベルの手紙に見られる。毎年彼は民兵組織の義務召集への出席を拒み、6日間入獄していた。「私がキリスト教の兄弟として愛する多くの人たち、そして『平和使節』を公言する人たちは、誤った理屈でこの［民兵の罰金］問題を全く見逃している。たとえば、先の安息日の夕方、私はある教会の会合に出席していて、この問題が話し合われたが、それは、討議ではなく、私自身の事例をほのめかすようなかたちでおこなわれ、私がその週に入獄すべきだとの決定がなされたのだった。そこで、原則と責務の事柄については『鈍感ではない』牧師が、民兵訓練拒否に応じた罰金を支払うのではなく入獄することは、キリスト教徒に求められていないと、さらに、（私のことを引き合いに）入獄する者は、『十字架をつくりだしている』のであって、『それを背負うこと』が何の徳にもならない、と言うのである。（中略）

その理屈、すなわちキリスト教徒は『訓練』すべきではないが、それに応じた罰金を支払うことによって『つくられた十字架』を避けるべきということを、その牧師はカエサルへの貢ぎ物は合法であるというマタイ伝22章16~21節を引き合いに話した。言わんとしていた論旨は、カエサルへの献金は一般の国庫に入るが、ローマ帝国は軍事国家であるゆえ、その献金は戦争を支持することになる。この議論の自然な推定は、キリストの弟子たちは、ローマ軍の兵士になることを主から認可されたか、あるいはその代替分のお金を支払うかである。この同じ議論が、同じ力でもって異なる神への崇拝に適用できる。異教徒の信仰は、戦争と同じほどローマ政府の分かちがたい一部である。もしこの教義が原始キリスト教会に広まっていれば、ネロからディオクレティアヌスまでの間のすべてのキリスト教殉教者が命を落とさずに済んだのかもしれない。(中略)

私はここ[牢屋]によろこんで6日間過ごし、『無抵抗主義』の教義のすばらしさに私の証を加えたい」(同上、p. 105)

第4章

(1)ソローのこの論考は、初めに「市民政府への抵抗」("Resistance to Civil Government")として1849年に出版された。現在使われている第2版の「市民的不服従」("Civil Disobedience")はソローの死後4年経った1866年の出版。ソロー自身がどちらのタイトルを意図していたかは議論の余地があるという。ここでの参照はこの第2版による。Thoreau, "Civil Disobedience," in *Walden and Civil Disobedience*.

(2)Thoreau, *Walden and Civil Disobedience*, p. 217. この引用は*Walden*の中の"Village"から。

(3)後に触れるが、ある種の非暴力直接行動として「平和な革命」を論ずる文脈でソローはこう続ける。「しかし血が流れることになってしまったとしよう。良心が傷ついたときに流れる血というものもあるのではないか。この傷口から人の真の男らしさや不死が流れ出て、その人は永久の死へと流血するのである」(同上、p. 399)。また、1859年に(現在はウエスト)バージニア州ハーパーズ・フェリーで武装蜂起を主導し後に捕えられ絞首刑にされる奴隷制度廃絶者のジョン・ブラウンの弁護で、ソローは明確に論じている。「人は、奴隷を救出するためには、奴隷保有人に対して武力を使用する完全な権利をもっているという、独自の主義をブラウンは貫いた。（中略）私は、彼が奴隷を最も早く解放するそのやり方に誤りがあるとは思わない。私を撃たず、あるいは私を解放もしない慈善行為より、キャプテン・ブラウンの慈善行為のほうを私が選ぶというとき、私は奴隷の側にいる。（中略）私は殺したくもないし、殺されたくもないが、この両者が私には不可避である状況を、私は予見することができる。」（"A Plea for Captain John Brown" in Schlissel, ed., *Conscience in America*, p. 85）

（４）Thoreau, "Civil Disobedience," p. 385.

（５）同上。ソローはこう続ける。「今回のメキシコ戦争を見よ。比較的少数の人間が、政府機関を彼らの道具として使った仕業だ。その証拠に、初めのうちは、国民はこのようなやり方に賛成しなかったであろう」

（６）同上、pp. 412–13.

（７）同上、p. 413.

（８）同上、p. 387.

（９）同上。

（10）同上、p. 388.

（11）同上、p. 393.

（12）同上、p. 396.

（13）同上、p. 407.

（14）Woolman, *The Journal of John Woolman*, p. 75.

（15）Thoreau, "Civil Disobedience," pp. 398–99.

第Ⅰ部小括

（１）ここではもちろん、南北戦争前の無抵抗主義者としてのギャリソンである。南北戦争時、彼は正義への闘いにおける力の使用を正当化した。代替金である３００ドルの支払いを拒否した若き良心的兵役拒否者にギャリソンは、そのお金は「平和あるいは無抵抗主義の原則にいささかも妥協することなく」支払うことができるであろう、という意見を述べた。（Curti, *Peace or War*, p. 58）

第Ⅱ部導入

（１）１８２８年に設立されたアメリカ平和協会は、国の世界大戦参戦は「領土や貿易路、あるいは商業的利益のためではなく、『永遠の原理』のひとつのため」だとして支持した。（Curti, *Peace or War*, p. 254）平和協会の機関誌である『平和の唱道』（*The Advocate of Peace*）は、「国際間の紛争を法的に解決することは当面のあいだ非現実的となり、ドイツ帝国政府が崩壊した後にのみ、戦争が終結するであろう」と主張した（同上）。さらに機関誌はこうも語る。「私たちは、通常は立派なドイツ兵に銃剣を突き刺すことを支援しなければならない。そうすれば、現在彼の選択する政府である専制政治から彼は自由となるであろう。私たちは、ドイツの乳幼児を痩身にさせ飢餓状態にするのに手を貸さなければならない。そうすれば、その幼児あるいはもう少し頑丈なお友だちが育って、お父さんが命を捨てたのとは異なる種類の政府を受け継ぐかもしれない」(*Advocate for Peace*, LXXIX [May, 1917], p. 138, quoted in Curti, *Peace or War*, pp. 254–55)。宗教界の戦争支援に関して、歴史家のマール・クルティはこう記している。「あれほど熱心に激しく戦争を非難していた聖職者のほとんどすべては、今や戦争を祝福し、ドイツ人への憎悪を深めるために彼らの影響力を使った」(同上、p. 255)。社会改良家のジェーン・アダムスは、1917年の夏のある日に村の教会に行ったとき、著名な宣教師が説教の締めくくりの部分で、もし「キリストが今日生きていたなら、フランスの塹壕で戦っているだろう」と主張しているのを耳にしたと記している(Addams, *Peace and Bread in Time of War*, pp. 72–73)。ピーター・ブロックとニジェル・ヤングによれば、歴史的平和教会や小規模な平和主義教派以外では、「(プロテスタント、カトリック、ユダヤ教の)聖職者らは、平和主義と良心的兵役拒否者の両者をたいていは好ましく思っていなかった。この点に関して、注意深き研究者は、この国全体での平和主義を擁護する聖職者の総数は、(3人のユダヤ教ラビを含めて)70は超えないと算出した。このうちの何人かは、演壇を離れねばならず、(中略)唯一の主教であったユタ州聖公会のポール・ジョーンズは、辞職に追い込まれた」(Brock and Young, *Pacifism in the Twentieth Century*, p. 32)。後にアメリカを代表する平和活動家となるA. J. マスティも、アメリカの第一次大戦参戦を機に、牧師をしていた教会を彼の平和主義思想のため辞さざるをえなかった。

(2) いかなる軍命にも従うことを拒否した絶対拒否者たちは、自分たちの孤立した、多くの人には理解されていない立場をよく認識していた。「私たちは、組織的な殺戮に参加することを拒んだが、私たちは人類のより高き運動に無関心で無感覚だと見られた。私たちは、戦争の狂気から距離をとっていると考えたが、私たちは反社会的で、教条主義的であった。私たちは、自分たちが平和に対する直接的かつ肯定的で議論の余地のない見解と思えるものをもったのだが、私たちは否定的な妨害者であった。私たちは、いかなる政治的扇動からも身を引き、良心の自由を信じていたのだが、私たちは自己中心の異端者であった。私たちは自分たちのことを許容できるほどに正気であると考えたが、私たちは、精神病だと見られていた」（Roderick Seidenberg, "I Refuse to Serve," *The American Mercury*, XXV [January 1932]: 94）

第5章

（1）US Secretary of War, *Statement Concerning the Treatment of Conscientious Objectors in the Army*, p. 14. *Public Law No. 12, 65th Cong., 1st sess.*（Washington, D.C., 1917）からの引用。

（2）「このような人［良心的兵役拒否者］たちが適正に、過不足なく扱われるようにするための努力の結果、私たちは、自ら従軍する者より拒否者により多くの関心があるのではないかと時には責めを受けた。この良心的兵役拒否問題は新しいもので、状況に応じて調整しなければならなかった。それゆえ、多くの命令や指示が出されたのである」（US Secretary of War, *Statement Concerning the Treatment of Conscientious Objectors in the Army*, p. 9）

（3）同上、p. 37。また、Thomas, *The Conscientious Objector in America*, p. 92にも収録。この良心的兵役拒否者の範疇の拡大は、公衆に広く知られることは決してなかった。戦争省から発せられる良心的兵役拒否者に関するその他の指示と同様に、この通達も秘密扱いで、その最後にはこう記されていた。「いかなる場合であっても、この指示は新聞社には伝えてはいけない」。ウォルター・ケロッグ少佐はこの秘密扱いをこのように正当化する。「こうした命令や指示がもし公にされたならば、さらなる兵役拒否者をつくりだすことになるだろう」（Kellogg, *The Conscientious Objector*, p. 24）。第8章の註2と註19も参照。

　この兵役法が起草されている段階で、良心的兵役拒否者を組織的な教会員ではなく個人の信仰に基づき規定して兵役免除させようとする様々な人たちによる努力は、失敗に終わっていた。ノーマン・トーマスは、ジェーン・アダムスとリリアン・ワルドとともにベイカー戦争省長官に会い、この問題に関して上院と下院の軍事問題委員会につなげてもらったが（大統領へも面会を求めたが叶わなかった）、「個人的な拒否者を免除させることは、『非良心的な者』が逃れるゆえ、可能ではない」との反応を間接的に得るだけであった（Thomas, *The Conscien-*

tious Objector in America, pp. 74–78)。友和会（The Fellowship of Reconciliation）の会長であるジョン・ネビン・セイヤーは、義理の父であるウィルソン大統領に、兵役免除は宗教組織にではなく個人に拡大されるべきだと訴えるが、大統領は、「兵役を逃れたいと願う非良心的な人たちに広く扉を開けることになる」から無理だ、と返した（Woodrow Wilson to John Nevin Sayre, reply of May 1, 1917 of Sayre to Wilson, April 27, 1917, quoted in Chatfield, *For Peace and Justice*, p. 70, and in Chambers, "Conscientious Objectors and the American State from Colonial Times to the Present", p. 33)。

（4）徴兵制が施行され数か月も経たない１９１７年８月初めには、非小宗派の、政治的人道的兵役拒否者の多くが「宗教的な動機から戦争に反対する者と同じくらい強い信念をもっていた」とある議員は認めざるをえなかった（*Cong. Rec.*, 65 Cong., 1 Sess., August 7, 1917, p. 5899, quoted in Peterson and Fite, *Opponents of War, 1917–1918*, p. 121)。

（5）Brock and Young, *Pacifism in the Twentieth Century*, p. 52.

（6）「アメリカ合州国陸軍従軍員に無給無賃での賜暇を与える権限を戦争省長官に付す法律」は、１９１８年３月16日に制定、認可された。以下のような規定がある。「現在の戦争が継続する間、戦争省長官の意見において、兵役または国家安全保障、防衛の観点から必要または望ましいと判断されたときにはいつでも、戦争省長官はアメリカ合州国陸軍従軍員に賜暇を与える権限をもつこととする。この賜暇は、賃金等の発生または部分的な発生を伴うこともあり、長官の指定する期間、合州国陸軍従軍員に民間機関に就労することを許可する。また、その賜暇は、戦争省長官の定める規則のもと、従軍員の自主的な応募についてのみ与えられるものとする」（U.S. Secretary of War, *Statement Concerning the Treatment of Conscientious Objectors in the Army*, p. 19)。賜暇の資格を得るには、陸軍に入隊し、兵士としての地位がなくてはならず、入隊以前からの絶対拒否者には、不可能なことであった。この賜暇は、民間代替作業にも見えるが、軍の監督の下であった。「とりわけアイオワ州やオハイオ州では、賜暇を与えられた平和主義者に対して憤りと敵意があったが、陸軍は、彼らは国家奉仕に従事し、軍の管轄下にあると初めから明確にしていた。平和主義者の耳には、農業賜暇は民間の管轄に聞こえたが、一般大衆向けには、賜暇は軍の制度であった」(Chatfield, *For Peace and Justice*, p. 72)。また、以下も参照。Thomas, *The Conscientious Objector in America*, pp. 116–18.

(7) 調査委員会の委員は、軍事法務官で委員長のリチャード・C.ストッダード少佐、(1918年8月にウォルター・ケロッグ少佐に交代する)、連邦巡回裁判所のジュリアン・W.マック判事、そして後に連邦最高裁裁判長となるコロンビア大学法学校のハーラン・F.ストーン学校長の三人であった。

(8) 良心的兵役拒否者の一般社会での理解および軍営内での待遇については、第6章を参照。

(9) Thomas, *The Conscientious Objector in America*, pp. 14–15, 81; Ferrell, *Woodrow Wilson and World War I, 1917–1921*, p. 18.

(10) 徴兵者数および兵役拒否者数は、政府の資料に基づく。U.S. War Department, *Statement Concerning the Treatment of Conscientious Objectors in the Army*.

(11) それぞれの平和主義小宗派から良心的兵役拒否者が何人出たかの正確な数字は判明していない。しかし、ある統計資料は、12のキャンプにおける1060人の良心的兵役拒否者の所属先を以下のように示している。「メノナイト554人、クェーカー80人、国際聖書学生会60人、ダンカーズ37人、ダビデの家のイスラエルの民39人、キリストの教会31人、神の教会など(有色人種)20人、セブンスデー・アドベンチスト20人、ペンテコステ派13人、その他すべての小宗派206人」(Kellogg, *The Conscientious Objector*, Appendix IV, pp. 128–29)。ついでながら、この著者のケロッグは、この統計資料の数字を心理学者マーク・メイが提出した報告書に基づくとしている。メイは、20ほどのキャンプから1060人の良心的兵役拒否者を調べ、67人のブレスレンも含めている。May, "The Psychological Examination of Conscientious Objectors." メノナイトのある歴史家は、キャンプにいたメノナイトの良心的兵役拒否者の数は、「2000人近く」だったとしている(Hershberger, *War, Peace, and Nonresistance*, pp. 110f)。この数字は、ケロッグやメイの標本抽出した数の割合にだいたい一致する。軍のキャンプにいた良心的兵役拒否者のおよそ半数は、メノナイトであったと言うことができるであろう。

(12) Chambers, "Conscientious Objectors and the American State from Colonial Times to the Present," p. 34.「政治的」兵役拒否者ということばの曖昧さは、後に触れることに

する。

（13）Thomas, *The Conscientious Objector in America*, p. 48.

第6章

（1）Ferrell, *Woodrow Wilson and World War I, 1917–1921*, p. 18; Curti, *Peace or War*, p. 258.

（2）Ferrell, *Woodrow Wilson and World War I, 1917–1921*, p. 208; Chafee, *Free Speech in the United States*, p. 42. たとえば『大衆』１９１７年6月号にジョン・リードはこう書いている。「ウッドロー・ウィルソンは、アメリカの大衆は兵役に応じないだろうからこそ、徴兵制を使わなければならないということを知っていただろうし、知っていてしかるべきであった。これは、ウッドロー・ウィルソンの、そしてウォール街の戦争だ」（Ferrell、前掲）。ついでながら、以下はよく引用される、１９１９年セントルイスでのウッドロー・ウィルソンの先の大戦に関する発言である。「アメリカの男性、女性、子どもの中で――もう一度言おう、子どもの中で――先の大戦が産業のため、商業のための戦争だったことを知らない者がいるだろうか」

（3）Chafee, *Free Speech in the United States*, pp. 42–43.

（4）Kohn, *American Political Prisoners*, pp. 77, 94; Chafee, *Free Speech in the United Sates*, p. 85.

（5）Sibley and Jacob, *Conscription of Conscience*, p. 15. タールと羽根による私刑は、実際におこなわれていた。「カンサスやイリノイ、その他の場所で、多くの宗教集会所が黄色のペンキで塗られていた。カンサスでは、戦時債券購入の無抵抗拒否をした何人かの人たちがタールと羽根を塗り付けられていた」とメノナイトのある歴史家は記している（Hershberger, *War, Peace, and Nonresistance*, p. 115）。「１９１８年2月27日、ピッツバーグの『ガゼッテ・タイムス』紙は、ペンシルベニア州のある町で戦時債券を買わなかったことで数人がタールと羽根を塗られたと報じた記事を載せている」（Peterson and Fite, *Opponents of War, 1917–1918*, p. 143）。以下の事例は、メノナイトから分派したフッタライトの、植民地時代における無抵抗者への財産差し押さえを思わせるような体験である。「戦時におけるリバティ債券販売促進にあって、サウス・ダコタ州アレキサンドリア近くの共同体に住んでいたフッタライトの人たちは、債券を購入することは拒否したが、その代わりに赤十字社に献金すると提案した。近隣の愛国者たちはこれに納得せず、フッタライトの牛を捕まえては競売にかけ、そのお金でリバティ債券を買い、フッタライトの教会の建物にその債券を放り込んだ」（Moore, *Plowing My Own Furrow*, p. 132）。また、Hershberger、前掲 pp. 115–16も参照。

（6）Ferrell, *Woodrow Wilson and World War I, 1917–1921*, p. 18.

（7）Schlissel, ed., *Conscience in America*, p. 129.

（8）Moore, *Plowing My Own Furrow*, p. 152.

（9）Schlissel, ed., *Conscience in America*, p. 129. ノーマン・トーマスは、ほとんどの良心的兵役拒否者が外国生まれで親ドイツだというこのような流布された社会的通念を、政府の心理学者の研究を引用して解体しようとした（Thomas, *The Conscientious Objector in America*, pp. 18–19）。May, "The Psychological Examination of Conscientious Objectors," ,pp. 158–59参照。

（10）Brock and Young, *Pacifism in the Twentieth Century*, p. 54. またCurti, *Peace or War*, p. 252も参照。

（11）第66回連邦議会、第一セッションにおけるミネソタ州のニュートン下院議員のことば。Schlissel, ed., *Conscience in America*, p. 162に引用。

（12）軍営内での肯定的で励まし合う雰囲気については、後述するエバン・トーマスの観察（第8章、註45）を参照。

（13）Moore, *Plowing My Own Furrow*, pp. 158, 159.

（14）ここで指摘しておかなければならないのは、命令する立場ではなく共に徴集された者として兵役拒否者のすぐそばにいた徴集兵の中には、拒否者に同情的で、その考えのいくらかを理解する者もいたことである。ノーマン・トーマスによれば、「幾度にもわたり、私たちはここに引用する兵役拒否者の日記にある証言のような状況を耳にした。『ある日非常に驚いたことに、赤毛のカンサス大学卒の兵士に私が良心的兵役拒否者であることを伝えると、彼はこう言ったのである。「いや、畜生、俺だって兵役拒否者になろうとしたんだけど、その勇気が無くなったんだ」』」（Thomas, *The Conscientious Objector in America*, p. 163）。ある兵役拒否者は日記と手紙にこう記している。「彼ら［共に徴集された初年兵たち］は、検閲を逃れるためにＹＭＣＡの小屋から密かに私の手紙を出してくれた。また、酒保からいろいろなものを持ってきてくれたりした。私は兵舎に閉じ込められており、中隊の通りを横切ることはできなかった。しかし初年兵たちは、アイスクリームのコーンやガム、チョコレート、切手を私に持ってきてくれたのである。消灯後の暗闇の中で『ほら、友よ』とささやいて、いろいろな物を手渡してくれた。『奴らの虐待を許してちゃだめだ。僕も君のような胆力があればなぁ。まあ、今回は僕が標的になったが、次があったら、見せてやるぞ……』」(Meyer, *"Hey! Yellowbacks!,"* p. 53)。これは軍隊内での上官に対する徴集兵の不平不満("griping")として知られている憎悪心(Ferrell, *Woodrow Wilson and World War I, 1917-1921*, pp. 21-22)から来ている部分もあるかもしれないが、この兵士たちは、良心的兵役拒否者のような孤立した不人気な立場に身を置くことは、いくらかの勇気が必要であると理解していた。

(15) Chambers, "Conscientious Objectors and the American State from Colonial Times to the Present," p. 33. また、ウッド少将は言う。「良心的兵役拒否者は、忠実な市民の役割を果たすことを拒否するのみならず、その作業ぶりと実例で他の者たちの間にも不満を広めている。拒否者の行動は最も激しく非難されるべきで、実際に政府の敵であるこの手の者たちに厳しく対処しなければ、拒否者の邪悪な影響力は広範囲に広まるであろう」(Kohn, *Jailed for Peace*, p. 29)

(16) Thomas, *The Conscientious Objector in America*, p. 161. このように、非戦闘的もしくは代替的作業を受け入れたか否かの区別に基づいた良心的兵役拒否者観は、社会に広く共有されていた。あるプロテスタント教会のリーダーの一人は、こう主張する。「もし作業に従事するならば、その人は良心的兵役拒否者であり、いくらかの考慮に値する。もし作業にも従事しないのであれば、その人は反逆者である」(同上、p. 266)。またSchlissel, ed., *Conscience in America*, pp. 161-73も参照。

(17) Thomas, *The Conscientious Objector in America*, p. 144.

(18) Curti, *Peace or War*, p. 258; Thomas, *The Conscientious Objector in America*, pp. 143–64.

(19) Thomas, *The Conscientious Objector in America*, p. 144.

(20) Moore, *Plowing My Own Furrow*, pp. 127–28.

(21) Kohn, *Jailed for Peace*, p. 30.

(22) Thomas, *The Conscientious Objector in America*, pp. 154–55.

(23) Kohn, *Jailed for Peace*, pp. 29, 42 n. 17; Kohn, *American Political Prisoners*, pp. 183–90.

（24）このホファー兄弟の話は有名で、たびたび引用されている。生還したフッタライトによる体験談や経緯の説明が、次の2冊の小冊子として出版されている。Jacob Wipf, "Crucifixions' in the Twentieth Century"（Chicago: American Industrial Company, 1918）; David Hofer, "Desecration of the Dead"（Chicago: American Industrial Company, 1919）. この小冊子はともに、the Swarthmore College Peace Collection（Subject File: Conscientious Objection/Objectors, Box 1）に保管されている。また、この話の信頼性の高い記述は、Moore, *Plowing My Own Furrow*と Thomas, *The Radical "No"*にも見られる。著者であるハワード・モアとエバン・トーマスは、1918年11月の時点でフォート・レーベンウォースの独房の絶対拒否者仲間であり、この話をフッタライトの人たちから直接聞いていた。エバン・トーマスとジョセフ・ホファーの独房は隣同士であり、ハワード・モアのは、ジェイコブ・ウィプフの隣であった（Thomas、前掲p. 213; Moore、前掲 pp. 132–33）。また、Thomas, *The Conscientious Objector in America*, pp. 197–200; Peterson and Fite, *Opponents of War, 1917–1918*, pp. 261, 262–63も参照。

第7章

（1）Brock, *Freedom from Violence*, p. 273. また、第Ⅲ部も参照。

（2）Thomas, *The Conscientious Objector in America*, p. 39.

（3）Sibley and Jacob, *Conscription of Conscience*, p. 24. 共著者であるシブレイとジェイコブは脚註の中で、クェーカーとブレスレンが厳密にどのような割合で非戦闘的任務と戦闘的任務を受け入れたかを知るのは難しいとしているが、第二次世界大戦中、兵役年齢に達したクェーカーの75～80パーセントは陸軍や海軍に戦闘員として従軍していた、というある報告を引用している（同上、pp. 518–19, n. 14）。ブロックとヤングは、第一次大戦においてクェーカー教徒の忠誠心が、国と彼らの信奉する平和主義との緊張関係にあったと指摘する。「クェーカー派の間でさえ、『多くの高名な教徒』は、軍事的な勝利を求めるに際し『文明運動とアメリカ大統領への忠誠心』を公に宣言した。（中略）一般的に、戦時中のクェーカー派は、『小さいが尊敬されている宗教団体のアメリカへの忠誠心』と、彼らがこれまで受け継ぎ多くの場合依然として熱意をもって護られている平和主義との調和に苦しんでいた」(Brock and Young, *Pacifism in the Twentieth Century*, p. 31)

(4) *Trench and Camp* (a weekly printed at Fort Oglethorpe, Georgia), September 23, 1918より。Thomas, *The Conscientious Objector in America*, pp. 46–47に引用。

(5) ブロックとヤングはこう語る。「公式的にはもちろん、クェーカー派やメノナイト、ブレスレン、その他の多くのより小さな教派は、時にはやや慎重に、彼らの伝統である平和主義を堅持し、良心的兵役拒否者をその小宗派の伝統的立ち位置に合致したものとみなしつづけてはいた。皮肉なことに、そのような教派では往々にして、反抗者ではなく、従順な者が良心的兵役拒否者となった」(Brock and Young, *Pacifism in the Twentieth Century*, pp. 31–32)

(6) May, "The Psychological Examination of Conscientious Objectors," pp. 160–1, 155; Thomas, *The Conscientious Objector in America*, p. 19; Chatfield, *For Peace and Justice*, pp. 77, 78–81. また、Kellogg, *The Conscientious Objector*, pp. 38–39, 66–69も参照。

(7) Meyer, "*Hey! Yellowbacks!*," pp. 69–70.

(8) メイヤーは後に、フォート・レーベンウォースで13人のメノナイトとともに収監されたとき、賛美歌を歌うことの効果を認識する。メイヤーは彼らの歌う「私にとっては天国のようなもの」("For This Is Like Heaven to Me") に加わり、こう記している。「この賛美歌の歌い手たちに対して私の吐いた暴言のすべてを撤回する。というのも、鉄の檻にいるとあの賛美歌は、私たちの折れかけた心に再び血を送り込み、よろこびと言ってもいい時をくれるのである。牢屋の鉄格子や薄明かりは「精神衛生に」悪いが、沈黙はもっと恐ろしいものであり、厚い壁よりはるかに心を塞ぐのである。それゆえ、私は熱心に歌に参加し、あの十字軍の居留地での騒々しい神聖さに気を狂わせんばかりの歌声を毛嫌いしていたことなど忘れてしまった。私たちは別の賛美歌を歌いはじめた。『私たちはシオンへと行進する』」(同上、p. 137)

(9) 同上、pp. 64–65.

(10) Gray, *Character "Bad,"* p. 104.「彼ら［小宗派の良心的兵役拒否者］のほとんどに問題なのは、聖書を痛いほどまでに字義的に解釈して、アダムの話がキリストの磔と同じほど重要であると思うほどまでに彼らの話を聞かされることである」(同上、p. 107)

(11) Meyer, "*Hey! Yellowbacks!*," pp. 60–61. 後にメイヤー

は、小宗派の兵役拒否者が調査委員会の面接を単純な尋問で素早く通ることを発見した。「『彼らは無抵抗主義のキリスト教徒で、周知の小宗派の一員か』そうである。『彼らの母親が強盗に遭わんとするとき、彼らはその強盗を止めようとするか、もしくは強盗に負傷を負わせるだろうか』しないであろう。『彼らは農場賜暇を受け入れるだろうか』受け入れるだろう。『軍曹、それで十分だ』」（同上、p. 91）。メイヤーは、自らの面接時に調査委員会から、小宗派の拒否者たちは「一貫している」と言われた（Peterson and Fite, *Opponents of War, 1917–1918*, p. 130）。

（12）ノーマン・トーマスは、モロカン派のことを次のように記述している。「アメリカが宣戦布告する数か月前に、彼ら［モロカン派］の夢の中に聖霊が現れ、徴用される日は近いと警告した。さらに聖霊は、それまでクロウタドリを追い払うのに使っていた猟銃でさえ破壊せよと命じた。あくる日、彼らは広場で銃を破壊し、燃やしてしまった。徴兵登録の数日前にも聖霊が彼らのところにやって来て、軍に服従さえしなければ、キリストが彼らを守ってくれるであろうことを約束した。徴兵登録の日、モロカン派の34人がアリゾナ州グレンデールの登録事務所の前で礼拝の時をもった。礼拝後、彼らは事務所に入り、徴兵登録はしないこと、そしてその理由を穏やかな口調で所長に伝えた。（中略）にもかかわらず、その34人は、徴兵登録拒否のかどで一般刑務所に送られた」（Thomas, *The Conscientious Objector in America*, pp. 50–51）。

（13）カンサス州フォート・リレイのイヴァン・スーソフから妻への手紙より。Thomas, *The Conscientious Objector in America*, pp. 152–54に引用。

（14）同上、p. 199.

（15）軍法会議におけるマリウス・ヘスの被告弁論の一部は、J.D. Mininger, "Religious C.O's Imprisoned at the US Disciplinary Barracks, Ft. Leavenworth, Kansas" (Swarthmore College Peace Collection, Subject File: Conscientious Objection/Objectors, Box 1）に引用。また、Thomas, *The Conscientious Objector in America*, pp. 25–26も参照。

（16）１９１８年８月６日の手紙より。Thomas, *The Conscientious Objector in America*, p. 148に引用。

（17）心理学者のマーク・メイは、およそ５００の事例をもとに戦争拒否の理由を分類している。その中の多数は、一般に聖書が戦争を禁じているから（125）というものであり、次いで、良心に基づいて（120）、教会と信条（115）、キリストによって（95）、そして十戒によって（60）となっている。メイはまた、その事例研究から、拒否するいくつかの「興味深い」理由を紹介している。「良心的兵役拒否者は、もし教会と自分の良心に背いて戦争に行けば、自分の魂を失い、地獄に落ちると信じている。兵役拒否者は、神と富とに仕えることはできないと言っている。したがって、神と陸軍軍曹、もしくは部隊長に同時に仕えることはできないのである。（中略）兵役拒否者が戦争への参加を拒むのは、敵への憎悪を伴うからである。戦争は不公正な者に対する罰であり、それゆえ、公正な者は免れる、と拒否者は信じている。彼らは軍隊生活の誘惑が彼らを惑わすことを恐れ、『信仰なき者とつながれること』を拒否している。それは自身の救済の可能性をなくすことになるからである」（May, "The Psychological Examination of Conscientious Objectors," p. 156）

第8章

（1）たとえば、エノック・クローダー将軍・憲兵司令官は、（小宗派の）宗教的兵役拒否者と「その他の」兵役拒否者は、法的にも、道徳的にも、実際的にも異なるグループであると主張する。「法的に異なるというのは、一方には議会制定法により明確にその存在を認め、法的地位を与えているのに対し、その他の者は完全に無視されている。道徳的に異なるというのは、一方は彼らの考える神の命令に従うのに対して（中略）その他は単に近代理論のゆるく検証されていない思索を受け入れているにすぎない。実際的に異なるというのは、一方は小宗派に登録され、［兵役法の施行された］5月18日の時点で確定され確認のできる成員をもつ団体であり（中略）意図的に成員拡大ができないのに対して、その他は5月18日の後でも戦争に反対する意見を不誠実に公言する者を誰でも加えることができる」（Chatfield, *For Peace and Justice*, p. 75に引用。また、Schlissel, *Conscience in America*, pp. 161-73、特にpp. 162-65も参照。）

（2）1917年12月19日付の陸軍副将からキャンプ・グラントを除くすべての陸軍および州兵キャンプの将官への極秘命令。第5章の註3と本章の註19も参照。

（3）May, "The Psychological Examination of Conscientious Objectors," p. 161; Kellogg, *The Conscientious Objector*, pp.

29–30, 69–74; Thomas, *The Conscientious Objector in America*, pp. 19–20.

（4）May、同上、Kellogg、同上。ケロッグは、社会主義的、政治的兵役拒否者の良心的兵役拒否者としての法的地位については懐疑的であった（「この特定の戦争へのわが国の参加に関して議会や大統領にたまたま賛成しない兵役拒否者は、兵役拒否者は『いかなるかたちの戦争に対しても反対する』という議会の法令の条件に合わないことは明らかだ」）が、彼らの正直さについてはこれを認めていた。「このことは社会主義者のためにも言っておきたい。彼らはたいてい自分たちの見解を表明するに際し、彼らの良心的兵役拒否が行政命令の条項に当てはまろうが当てはまらなかろうが一見お構いなく、揺らぐことなく証言する。（中略）社会主義者たちの率直さには脱帽させられる。彼らは大概、彼らが思った通りのことをそのまま語っている」（Kellogg、前掲pp. 29, 73–74）

（5）Brock and Young, *Pacifism in the Twentieth Century*, pp. 33–36; Chatfield, *For Peace and Justice*, p. 77.

（6）Kellogg, *The Conscientious Objector*, p. 73. また、（ケロッグの本では「宗教的拒否者」と名づけられている）小宗派の兵役拒否者と比較して、「理想主義者や社会主義者は、個人として、それぞれに大いに異なるが、宗教的拒否者は、一般的に言って、瓜ふたつだ」（同上、p. 69）。

（7）Thomas, *The Conscientious Objector in America*, p. 21.

（8）メイによれば、「戦争に反対する根拠は一般的に3つある。宗教的、社会的、そして政治的なものだ。宗教的拒否者は、聖書や教会の教義、良心を拠りどころとしている。社会的拒否者は、個人の自由を根拠に、そして政治的拒否者は、たいてい、外国の市民権を理由として戦争に反対する」（May, "The Psychological Examination of Conscientious Objectors," pp. 155–56）。

（9）第一次大戦下の社会主義および無政府主義運動と彼らの戦争抵抗との関係については、さらなる研究がまたれる。たとえば、Peterson and Fite, *Opponents of War, 1917–1918*を参照。

（10）メイヤーは、戦争になれば同僚のような異国人たちを殺すよう要求されるかもしれないと想像する。「貨車に重い暖房機をともに積み込んだドイツ人、いくつもの丘を越えて測量技師の地形測量棒をともに担いだイギリス人、シアトルの海辺でともに皿洗いをした小さな日本人、私は彼らの誰をも憎んではいないし、ほとんどの場合、大好きだった。私が彼らを殺害することで私と世界がより幸せになる状況、あるいは、彼らが私を殺すことで彼らと世界がよりよろこばしいものとなる状況など全く想念することはできなかった」（Meyer, *"Hey! Yellowbacks!,"* p. 10）

（11）同上、pp. 12–18。

（12）同上、pp. 5–6。

（13）同上、pp. 13–14。

（14）同上、pp. 93–94。

（15）以下のフォート・リレイの司令官であるウォーターマン大佐のことばと比較せよ。「ここにアメリカ合州国大統領からの命令で、農場賜暇を受け入れないすべての良心的兵役拒否者は非戦闘的任務に就かなければならない、とある。さて、大統領は何が正しく何が誤りであるかをわきまえていて、大統領が諸君に受け入れよと言うのであれば、それを受け入れない理由はないだろう。諸君が問題なのは、あまりにも考えすぎていることだ。それは間違っている。諸君の考える作業を大統領に任せろ。それが大統領であるということなのだ」（Thomas, *The Conscientious Objector in America*, pp. 125–26）

（16）Meyer, *"Hey! Yellowbacks!,"* pp. 94–95.

（17）同上、p. 34。

（18）Moore, *Plowing My Own Furrow*, pp. 93, 95, 96.

（19）同上、p. 95。モアはこの宣誓証書を１９１７年12月28日に送付している。そのおよそ1週間前の12月19日には、陸軍副将が、非小宗派の兵役拒否者も良心的兵役拒否者とみなすように命令を出している。しかし、その命令はキャンプの司令官宛であり、しかも極秘であったので、地元徴兵委員会、ましてモアのような戦争に反対する被徴兵者は、良心的兵役拒否者の公式の分類のこのような変化について知る由もなかったであろう。第５章の註３と本章の註２も参照。

（20）同上、p. 97。

（21）同上、p. 105。

（22）同上、pp. 109–10。

（23）同上、p. 110。

（24）「牢獄で『穴倉』（"the Hole"）と呼ばれていた独房は、およそ２・７メートルと１・５メートルの広さで、鉄格子に加えて、たいてい木製の扉がつけてあったので、光はその上下に開けてある小さな換気用の切り口を通してしか入ってこなかった」（同上、p. 130）

（25）モアは語る。「過去の経験からわかることは、ひとたび、どのようにでも妥協するものなら、そのことのしっぺ返しがやってくるということだ。単なる狭量頑固であることを避けるために妥協の線引きをどこですればいいのか判断するのは難しいが、私は、牢獄では働かない、また、そこ［フォート・レーベンウォース］にいるために自主的に協力しない、と決意していた。私は、兵士の地位を絶対的に拒むにあたり、自分の立ち位置に関して疑問をもたれないようにしなければならなかった」（同上、pp. 131–32）。しかしながら、1918年のスペイン風邪流行の際には、モアはフォート・リレイの病院で医療従事支援者として働き、病棟をひとつ任された。その際、部隊長にモアが確認したことは、軍隊のしきたりからは一切免除されることと、上着とズボンを支給されることだった。モアは病院でよく働き、大いに役立っていたので、後に部隊長はモアにそこにとどまり医学を学ぶように勧めた（またそうすることで軍法会議および禁固刑を避けることもできた）。モアは牢獄を選んだ。部隊長は軍法会議においてモアのために弁論した（同上、pp. 124–27, 128–29）。

（26）同上、p. 136。

（27）Gray, *Character "Bad,"* pp. 2–3, 191–92. Moore, *Plowing My Own Furrow*, p. 113.

（28）Gray, *Character "Bad,"* pp. 3–8.

（29）グレイは語る。「私は、いかなる状況にあっても戦争に反対するという意味において、はなから平和主義者である。何もしないという意味において平和主義者なのではない。悪に打ち克つ唯一の方法は、善によるものだ――しかも攻撃的なまでの善意だ」（同上、p. 24）。また、1917年2月11日付の実家への手紙にこう記している。「先週はずっとアメリカにおける戦争準備の報道を耳にした。この地獄にアメリカが入ることを考えるとぞっとする。僕については、初めから良心的兵役拒否者だ。しようと思えば、僕を撃つことはできるかもしれないが、僕を戦わせることはできないだろう。もちろん、その必要があるとは思えないが、だからと言って、この［兵役拒否者である］事実を変えることはない」（同上、p. 33）

（30）同上、pp. 54–55。

（31）同上、p. 60。

（32）同上、pp. 56, 78。グレイは語る。「私と同年代の若者は、とてつもなく大きな道徳的問題に直面しており、その問題を避けるための逃げ道を使うことを拒否する。

ここ［イギリス］にとどまるほうが簡単であったろう。多くの友人に囲まれ、数多くの楽しみに浸り、比較的にわずかな不快さだけで働くことができるのだ。はるかに困難なことは、私に賛成し同情してくれる人たちのもとを去り、海を渡り、戦争熱に冒された国に戻り、さしあたっては避けることのできない問題に自ら直面し、その結果ひょっとして投獄、あるいは投獄でなければもっと悪い運命、すなわち、私の家族や友人からの憎悪と迫害に向き合わなければならないことであろう。ひとつだけ確かなのは、連合国の諸政府にこの戦争の遂行を容易にさせている組織に私は同調することはできないということである」（同上、pp. 79–80）

（33）同上、pp. 99–100。

（34）同上、pp. 119–21。

（35）同上、pp. 135–36。

（36）同上、pp. 134–35。

（37）Thomas, *The Radical "No"*, pp. 15–20, 45, 50, 77–81, 128.

（38）同上、pp. 34, 60。トーマスは語る。「教会が戦争を止めるために何か提起しただろうか。何もしていない。教会には展望がない。教会による無抵抗主義者への多くの反論は聞くに忍びない」（同上、p. 34）。「大多数の良心的兵役拒否者でさえ、教会の外から来ている。戦後に国際連盟のために働く連合の結成のための運動も教会からは出ていない。それどころか、ドイツを打ち負かすという主目的から人びとの意識をそらすとして、そうした運動に反対を明言する聖職者もいる。教会が預言者の迫害に最も熱心であるというのは、残念ながら事実である。だが、教会が先駆者となることは決してないだろう。これまで一度たりともなかったし、今後もそうであろう。というのも、教会は品行方正でほぼ満ち足りた中流階層の多くで成り立っており、社会秩序の、あるいは現在ある秩序のまさに支柱であるからだ。教会は、権力のある階層の多数派であり、多数派は先駆者となることは決してできない。教会のできることは、後づけで、先駆者のなした功績に権威づけの承認をすることである。よって、成し遂げられた功績を持ちつづけることは教会にとって非常に価値のあることなのである。私の心にある大きな問いは、教会に属しながらも先駆者となれるだろうか、ということだ。私のたいがい熱心な急進的な友人のすべては、きっぱりと『なれない』と言う。私が読んだ書籍のほとんども、同じ結論に達している。私は、キリストを含めたすべての預言者は反僧侶であり反聖職者であったというバーナード・ショーの意見に賛成だ」（同上、pp. 75–76）。後にイングランドのＹＭＣＡで働いていたとき、トーマスはこうふり返る。「この世界がどうあるべきか、私の確信するところの一部が見えてきた。現在における私の人生における唯一の望みは、世界をその方向に少しでも近づけるために私の微力を用いることである。私にとって教会は、その取り組みに妨げとはなっても助けにはならないと率直に心から思うようになった。よって、私は教会からは離れている」（同上、p. 92）

（39）同上、p. 121。

（40）同上、p. 128。

（41）*Gray, Character "Bad,"* pp. 70–81, 93–96, 183も参照。

（42）１９１５年11月21日付の母への手紙より。Thomas, *The Radical "No,"* pp. 38–39に引用。

（43）同上、p. 30。ここでソローの思想がにじみ出ているのは明らかである。

（44）同上、pp. 36, 43, 56。

（45）同上、p. 147。エバン・トーマスは、このような軍隊や軍に対する見方を一面的に何の疑念ももっていたわけではない。軍営に到着した初めの週に、彼はこう記している。「ここ［ニューヨーク州キャンプ・アプトン］で兵士への福利厚生と娯楽のためになされていることは、私の想像していたものをはるかに超える。実によくできたもので、私のここでの体験は、将来における軍事訓練に反対するいかなる闘いにおいても、このキャンプでの理想主義的要素とよく見られる道徳的にも肉体的にも健康でいて人を助ける純真な精神とじかに向き合わなければならない、と考えさせられる。将校たちは、兵士のことを真剣に考えていて、そのほとんどの者にとって、ここでの生活はそれまで彼らの知るものよりはるかにいいものであることは疑いもない。軍事主義の別の一面があるのはもちろんで、その邪悪な面に関しては、私は意見を少しも変えることはない。しかし、この軍営で見られるようないい面をも否定するような印象を人びとに与えてはいけない。それはたしかにここに存在しているのだから。非常に率直に、これには参った、と告白する。ちょうどここで感じたことをこれまでに感じたことはなかった。私の［兵役拒否という］見解が、悪魔のように非人間的であるかのように見えるのだ。これは体験してみないとわからないだろう。（中略）私をひどく参らせるものすべてには何かがあり、市民生活をしていたときには思ってもいなかったほどに心の底から集団の一部になりたい、という願望が出てくるようになった。僚友関係を棄てねばならぬこと、このすべての楽しみと苦しみを共にし、この大いなる悲劇の中で敵も味方も仲間たちと共に戦い、あるいは死ぬことから外れること、こうしたすべてが私の立場がひどく非人間的であるように思えるようにしているのだ」(1918年5月4日付、ノーマン・トーマスへの手紙。同上、pp. 136–37)。これと似たような感情が、入隊前に良心的兵役拒否を申請しその地位を認められながらも、軍営で考えを変え、戦闘員に転向した1万6000人の多くにもあったのかもしれない。

(46) 1917年4月12日付、ノーマン・トーマスへの手紙より(同上、pp. 111–12)。

(47) エバン・トーマスは語る。「人の意に反し物理的力で強制することは、その強制力が天地万有で最も偉大な力で最も偉大な真実でないかぎり、いずれにせよ真実となることはない。考えの異なる者の意思に反して、自分の理念を実現するために物理的な力の行使に固執するかぎり、力の優越性のみが確立され、したがって、理念に対する信仰は否定される」(同上、p. 113)

(48) エバン・トーマスによれば、それがどれほど個人主義的に見えようとも、人びとがそれぞれの内なる精神に正直であることで、社会が構成されているとする。というのも、個人の内的生命は、愛に基づいていなければならないからである。「イエス・キリストの唯一重要なことは、非常に明確に、個人の内的生命である。それが果実をもたらすのである。したがって、大切なことは、内的生命が愛のいのちであることだ。その内的生命、あるいはその人の自我がよくなければ、その果実はいいものとはならず、キリストによれば、愛のない内的な自我がなしうる最悪のことは、愛を偽装することである。キリストにとって人生における最悪のことは、偽善である」(同上、pp. 27–28)。「個人主義と愛は、究極的には個人主義と集団主義とを融合させ同じものとし、真の進歩への唯一の希望である」とトーマスは信じた(同上、p. 97)。

(49) 同上、p. 77。

(50) 同上、p. 60。

(51) 同上、pp. 151–52。

(52) 同上、p. 112。

(53) 同上、p. 99。

（54）同上、p. 155。

第Ⅱ部小括

（1）Baldwin, "The Individual and the State: The Problem as Presented by the Sentencing of Roger N. Baldwin"（a pamphlet published in November, 1918）, p. 5.

（2）Thomas, *The Conscientious Objector in America*, pp. 23–24.

（3）Eichel, *The Judge Said "20 Years,"* p. 35.

（4）Thomas, *The Conscientious Objector in America*, p. 24.

（5）Berger and Luckmann, *The Social Construction of Reality* , p. 61.

（6）Thomas, *The Radical "No,"* p. 77.

（7）Meyer, "Hey! *Yellowbacks!,"* pp. 176–77.

第Ⅲ部導入

（1）Gara and Gara eds., *A Few Small Candles*, p. xi.

（2）Chatfield, *For Peace and Justice*, p. 326; Wittner, *Rebels Against War*, p. 37.

（3）U.S. Selective Service System, *Conscientious Objection*, I, pp. 321–22; Wittner, *Rebels Against War*, p. 45. ブレスレン教会の青年にとっては、良心的兵役拒否者として非戦闘員の軍務に就くことでさえ、民間公共奉仕のキャンプに入ることと同じほど敬遠されていたと、ある統計は示している。ブレスレンの従事した徴用先とその数は、「通常の軍隊員　２万１４８１、非戦闘員　１３８２、民間公共奉仕　１３６５」とある（Table No. 26, "Classification survey of the Brethren denomination, March 1945," U.S. Selective Service System, *Conscientious Objection*, I, p. 322）。メノナイトに関しては、政府統計は、メノナイト中央委員会の報告を引用している。「１９４４年12月１日までに徴兵されたメノナイト青年のすべてのうち、39・６パーセントが通常の軍隊員となり、14・５パーセントが非戦闘的軍務に就き、45・９パーセントが民間公共奉仕キャンプに入った」（同上、p. 321）

（4）Wittner, *Rebels Against War*, p. 54; Chatfield, *For Peace and Justice*, pp. 327–28.

（5）Wittner, *Rebels Against War*, p. 55.

（6）U.S. Selective Service System, *Conscientious Objection*, I, pp. 263–64, 313–15; Wittner, *Rebels Against War*, pp. 41–42.

第9章

（1）1940年夏におこなわれた上院と下院の軍事委員会での兵役法（the Burke-Wadsworth bill）に関する公聴会で証言した主な団体は、アメリカフレンズ奉仕団、カトリック労働者運動、友和会、社会党、婦人国際平和自由連盟、戦争防止全米協議会、戦争抵抗連盟、セブンスデー・アドベンチスト、メノナイト、ブレスレン教会、アメリカ自由人権協会、（ニューヨーク）リバー・サイド教会、キリストの門弟たち、世界平和のメソジスト委員会、アメリカキリストの教会連邦協議会などであった。Sibley and Jacob, *Conscription of Conscience*, pp. 46–47を参照。

（2）Public Law No. 783, 76th Congress, 3rd Session, section 5(g). U.S. Selective Service System, *Conscientious Objection*, I, p. 86に引用。

（3）U.S. Selective Service System, *Conscientious Objection*, Iで使用されている表現。

（4）Sibley and Jacob, *Conscription of Conscience*, pp. 45–52; U.S. Selective Service System, *Conscientious Objection*, I, pp. 67–80.

（5）Chambers, “Conscientious Objectors and the American State from Colonial Times to the Present,” p. 36.

（6）David Dellinger, “Introduction” in Hurwitz and Simpson, eds., *Against the Tide*.

（7）Theodore Wacks, “Conscription, Conscientious Objection, and the Context of American Pacifism, 1940–45” (Ph.D. dissertation, University of Illinois, Champaign-Urbana, 1976), p. 209. Eller, *Conscientious Objectors and the Second World War*, p. 50に引用。

（8）非戦闘員として従軍した良心的兵役拒否者数は、政府のいう2万5000人でさえ、推定である。U.S. Selective Service System, *Conscientious Objection*, I, pp. 105, 314–15を参照。後者の5万人という数字は、Sibley and Jacob, *Conscription of Conscience*, pp. 83, 86–87による。仮にこの数字が事実だとすれば、徴兵召集された良心的兵役拒否者の全体数は、およそ6万8000となる。政府推定の数をもとにした4万3000であれこの6万8000であれ、数千万の登録者および数百万の徴兵召集者総数と比べれば、ほんのわずかな数の異端者であった。

（9）兵役法の公聴会で読み上げられた証言によれば、「セブンスデー・アドベンチストは、ご承知のように、非戦闘員です。私たちは平和主義者でもなければ、軍事主義者でもなく、また、良心的兵役拒否者でもありません。非戦闘員なのです。平和主義者というのは、戦争参加を信じない者であって、いかなる代償があろうとも平和を信ずる者です。平和主義者は、ナショナリストではなく、国際主義者です。反軍事主義に関しては、平和主義者はいかなる軍事体制や機構をも信じません。いかなる軍服の着用、旗への敬礼、そしてどのような戦争に対する支出にも反対します。良心的兵役拒否者は、戦争に参加することを信じていません。武器を携行することも信じません。軍で援助を必要としている者たち、病に倒れ負傷した者を診るのを手伝うことさえ信じておらず、戦争に関するいかなることからも手を引こうとしています。しかし、非戦闘員は、単に人命を奪ってはいけないと信じているのです。人命を奪うことに関する良心を破らないかぎりにおいて、非戦闘員は、できるかぎり政府への協力をよろこんでおこなう者です。私たちは、非戦闘員なのです」(*Compulsory Military Training and Service, Hearings Before the Commitee on Military Affairs, House of Representatives* [Washington, DC: 1940], p. 150. U.S. Selective Service System, *Conscientious Objection*, I, pp. 16–17に引用)。この証言は、良心的兵役拒否者について誤解があるものの、セブンスデー・アドベンチストの見解をよく表している。この証言は、１９４０年7月25日におこなわれた。そのおよそ2か月後、兵役法は制定され、良心的兵役拒否者は非戦闘員となることができるという条項が盛り込まれることになる。

(10) U.S. Selective Service System, *Conscientious Objection*, I, pp. 105–15. 武器を携行することを除いて、非戦闘員は、「その他すべての面において軍の通常兵士である。軍服を着用し、軍の給料および扶養家族支給も受け、軍紀の下にある」(Eller, *Conscientious Objectors and the Second World War*, p. 28)。

(11) 政府統計の一つによれば、民間公共奉仕キャンプに就いた者の教派とその数は、メノナイト　４６１０、ブレスレン　１４６８、クェーカー　９０２であった(U.S. Selective Service System, *Conscientious Objection*, I, p. 318)。

(12) 第二次大戦を通じて、１５１の公共奉仕キャンプがあり、そのうちの１２０は実際に歴史的平和教会の監督下に、23はその他の宗教組織の監督下にあり、そして8つは政府によって直接運営されていた。

（13）Sibley and Jacob, *Conscription of Conscience*, pp. 124–51, 160–65; Wittner, *Rebels Against War*, p. 72. また、Sareyan, *The Turning Point*も参照。

（14）こうした兵役拒否者の作業は、国に８００万人日の労働量をもたらした。もし仮に政府が軍と同じ率でこの労働に支払うとすれば、１８００万ドルを支出することになった。さらに、奉仕キャンプの監督・維持費用は、兵役拒否者とその家族や教会が負担し、その額は７２０万ドル以上になっていた（Sibley and Jacob, *Conscription of Conscience*, pp. 124–27）。

（15）この違反類型には註が添えられている。「これは、民間主導による国家的重要作業に参加していたⅣ－Ｅの［代替作業を認められた］兵役拒否者が、権限なしに場を離れるか、もしくは与えられた任務作業を拒否した事例である」（同上）。この類型の主観的意味を通した分析は、第11章を参照。

第10章

（１）“Preface” to “A Christian Conviction on Conscription and Registration,” October 10, 1940, Swarthmore College Peace Collection, Subject File: Conscientious Objection/Objectors, Box 2.

（２）Houser, “Reflections of a Religious War Objector（Half a Century Later）,” in Gara and Gara, eds., *A Few Small Candles*, p. 134; *New York Times*, p. 10, October 17, 1940.

（３）*New York Times*, p. 1, October 17, 1940.

（４）この８人の神学生はいずれも大学を卒業していた。８人の氏名と（当時の）年齢は、Donald Benedict, 23; Joseph Bevilacqua, 24; Meredith Dallas, 23; David Dellinger, 25; George Houser, 24; William Lovell, 26; Howard Spragg, 23; Richard Wichlei, 23である。

（５）１９４０年11月19日に友和会（the Fellowship of Reconciliation）により出版された小冊子（Swarthmore College Peace Collection, FOR, Section II, Series A-3, Box 12）；*New York Times*, pp. 1, 23, November 15, 1940.

（６）“Christian Conviction on Conscription and Registration,” p. 1.

（７）Houser, “Reflections of a Religious War Objector（Half a Century Later）,” p. 132.

（８）Dellinger, *From Yale to Jail*, pp. 73, 78; Dellinger, “Introduction” in Hurwitz and Simpson eds., *Against the Tide*. 共同声明の中で神学生たちはこう主張する。「政府が聖

職者や神学生に兵役免除を与えた理由の一つは、この極悪非道の戦争に宗教のお墨つきを得るためであるように見える。実質的な支援の得られないところでは、その良心をなだめ、真の反対運動を起こさせないように、政府は期待している」（"A Christian Conviction on Conscription and Registration," p. 2）

（9）Houser, "Reflections of a Religious War Objector（Half a Century Later）," p. 138および友和会による小冊子（1940年11月19日）に引用。

（10）ジョージ・ハウザーは、著者との手紙の中で、こう語っている。「私たちが（徴兵登録拒否の）立場をとったのも、基本的には、聖職者免除にあって、これが唯一、私たちが徴兵と戦争に反対していることを明らかにする方法であったからである」（2007年8月20日付の著者への手紙より）

（11）"A Christian Conviction on Conscription and Registration," p. 2.

（12）Dellinger, *From Yale to Jail*, p. 79; "Why I Refused to Register in the October 1940 Draft and a Little of What It Led To," p. 23. デイビッド・デリンジャーが、どのような「社会」の一員となり、それに貢献したいのか、という問いを突きつけられたのは、これが初めてではない。「私は［ユニオン神学校の1939年度の］終わりの5か月間、4人の神学生とともにハーレムに住み込んだ。神学校の学長は、もし私たちが学校寮を出て、神学校『共同体』から去ることによりキリスト教徒の親睦連帯を乱すのなら、退学処分となるだろうと言っていた。私は、お互いに見識と精神力を得たいと思っている献身的な人たちの共同体を信じていたので、学長の言ったことをよくよく考えた。しかしながら、数ブロック先の貧しく、人種的に抑圧されている隣人たち（あるいは貧しい白人も含めて）と意味のある交わりをせず、方々からの中・上流階級の白人たちと多くの関係をもつ共同体は、私は信じていないと結論を出した」（*From Yale to Jail*, p. 61）。

（13）Dellinger, *From Yale to Jail*, p. 66; Houser, "Reflections of a Religious War Objector（Half a Century Later）," p. 138. 服役を終えた後、この三人とアフリカ系アメリカ人の被収容者1名がニューアークに戻り、地域社会活動を再開している。Dellinger, 同上, pp. 90–91。

（14）Dellinger, "Introduction," in *Against the Tide*.

（15）デリンジャーは語る。「所内放送で、刑務所番号で呼ばれ、来るように命じられたときには、指揮官の事務室に行くことを拒んだ。前もって私は、私の名前も一緒に使うのであれば、刑務所番号に反対しないと丁寧に説明していたが、それだけでは十分ではなかった。（中略）看守がこれは軍隊のやり方とは違うと言って寝具をはがしたときも、私はベッドを整頓するのを拒んだ。（中略）私がそこ［刑務所］にいたのも、軍隊に反対したからであって、単に人を殺すことや、巨大ビジネスのために戦うことを拒んだのではなく、人びとが何でも言われたことをする機械人間になることに反対したからである」（Dellinger, *From Yale to Jail*, p. 82）

（16）Houser, “Reflections of a Religious War Objector（Half a Century Later）,” p. 143. また、このストライキによって独房に監禁されていた戦争抵抗者の以下の記述も参照。Howard Schoenfeld, “The Danbury Story,” in Cantie and Rainer eds., *Prison Etiquette*, pp. 12–26.

（17）Houser, “Reflections of a Religious War Objector（Half a Century Later）,” pp. 143–44.

（18）ニーバーいわく、「わが神学校の8人の青年の高潔・誠実さには頭が下がる思いだが、彼らが起こした状況が国内における一般的な運動を巻き起こすことを願い、実際に自ら殉難を招いているときに、どのように手助けできるのかはわからない」（1940年11月18日付、DeWitt Wyckoffへの手紙より。Swarthmore College Peace Collection, FOR, Section II, Series A-3, Box 12）。神学生の一人は、ニーバーが彼らの非登録に「徹底した反対」を表明し、それは「いかなる正しい平和主義をも超えるもの」と語ったと記録している。Houser, “Reflections of a Religious War Objector（Half a Century Later）,” p. 134.

（19）1940年10月17日付、デイビッド・デリンジャーへの手紙。Swarthmore College Peace Collection, FOR, Section II, Series A-3, Box 12.

（20）同上。

（21）Houser, “Reflections of a Religious War Objector（Half a Century Later）,” pp. 139–40.

（22）“Personal Statement by Rev. A.J. Muste and Evan W. Thomas, M.D. On Matters Relating to Registration Under the Conscription Act,” October 16, 1940, p. 4, Swarthmore College Peace Collection, Subject File: Conscientious Objection/Objectors, Box 2. 彼らは有言実行の人であった。数年後の1942年4月27日に45歳から65歳までの男性が徴兵登録を義務づけられると、マスティやエバン・ト

ーマス、そして先の大戦での戦争抵抗者や著名な平和主義者たち、たとえば、ハロルド・グレイ、ハワード・モア、エドワード・リチャーズ、リチャード・グレッグが、登録を公に拒否し、若き徴兵登録拒否者らにならって刑務所入りを決意していた。しかしながら当局は、騒ぎが拡大することを恐れてか、裁判沙汰にはしなかった。Hassler, *Conscripts of Conscience* を参照。また、本書第12章も参照。

（23）Houser, "Reflections of a Religious War Objector（Half a Century Later）," p. 137.

（24）"A Christian Conviction on Conscription and Registration," p. 2.

第11章

（1）アメリカフレンズ奉仕委員団（ＡＦＳＣ）のクレアランス・ピケットのことば。Wittner, *Rebels Against War*, p. 70.

（2）Sibley and Jacob, *Conscription of Conscience*, p. 120.

（3）同上、pp. 121–22。アメリカフレンズ奉仕団は、「戦争の破壊の真っただ中で、国への建設的な奉仕ができる機会を歓迎した。そうした活動を通して、人間福祉を促進し、寛容と善意を養い、自由で平和な世界社会の建設に貢献できるであろうから」（Wittner, *Rebels Against War*, p. 70）。

（4）Wittner, *Rebels Against War*, p. 71. しかしながら、第二次大戦下の民間公共奉仕の経験の後に書かれた"Of Holy Disobedience"（Lynd, ed., *Nonviolence in America*, pp. 310–39）で展開されているマスティの、戦争を準備し遂行する国家のあらゆる徴兵・徴用に対する完全なる非協力のための省察的で力強い議論と比較せよ。

（5）「管理監督の主要な地位を軍の士官が占めていること、彼らの給料が軍事予算から支払われていること、民間公共奉仕の管理の任務で軍の勲章を受けた者がいること、（中略）また、民間公共奉仕キャンプに軍隊のような規則が持ち込まれたこと、こうしたことから、選抜兵役法で保障されていた民間主導は名実ともに反故にされた、と兵役拒否者たちは確信した。選抜兵役局業務においては、軍の士官は『民間の資格』で行動しているといった法的な虚構に、拒否者たちはあきれた。多くの拒否者たちにとっては、選抜兵役局と軍の統制との区別があまりにも曖昧だったので、もし、宗教団体の管理監督ではなく、取り返しがつかないほどに選抜兵役局の支配下にあると彼らが確信したならば、その奉仕作業を辞める準備をしていた」（Sibley and Jacob, *Conscription of Conscience*, p. 261）

（6）1942年に発表された"Statement of Policy, Camp Operation Division of the Selective Service System"より。Sibley and Jacob, *Conscription of Conscience*, pp. 511–12, 202; American Civil Liberties Union, *Conscience and War*, pp. 22–23に引用。

（7）Sibley and Jacob, *Conscription of Conscience*, p. 259. 良心的兵役拒否者たちは、医療実験や病院での作業などの、いわゆる「分遣奉仕作業」に作業の社会的意義を見出す。「特別奉仕作業には反対も少なく、良心的兵役拒否者たちは、そのような作業、とりわけ社会的福祉の必要性に直に貢献できる仕事を増やすように要求しつづけていた」（同上）

（8）Wittner, *Rebels Against War*, p. 75. 宗教団体は、選抜兵役局の厳しい統制と良心的兵役拒否者の反抗との板挟みにあって、いささか無力であった。クェーカーの集会でのある報告によれば、「歴史的平和教会は、かかる費用のすべてを賄い、すべての責任を負い、問題のすべてを背負ってきた。にもかかわらず、最も単純なことに関しても実質的な決定権をもっていない」（Sibley and Jacob, *Conscription of Conscience*, p. 259に引用）。公共奉仕キャンプ内のある良心的兵役拒否者は事態をこのように見ていた。「そこでのすべてのことに対して多くの人たちは幻滅し、アメリカフレンズ奉仕団によって、戦争がうまくいくように実は作業をさせられていると感じた。選抜兵役局は、良心的兵役拒否者のことを身体に刺さったとげのように思い、ここに平和教会が登場して、そのとげを抜いて、その身体をどこか別の場所に移している。多くの人たちは、これは平和教会が間違っていて、遠回しに戦争体制に協力していると感じていた。これは平和教会の初めからの意図ではないにしても、結果として、このようになったのだ。かくして、作業の怠業やストライキが起こった」（Martin Ponch, in Hurwitz and Simpson, eds., *Against the Tide*）

（9）アメリカフレンズ奉仕団の理事の一人はこう語っている。「民間公共奉仕は、普遍的愛によって純粋に促進されているプログラムを代表してはいないと、私は確信する。もしそうであったなら、よりいっそう実質的な仕事ができていたことであろう。（中略）私たちは、自分に合ったと信じる仕事、それは神がお与えになった仕事なのだが、それから個人を引き離し、国家が定めるいかなる仕事にも就かせるための権利を国家に認めてしまった。民間公共奉仕は、実質的に軍事徴用の一部であること、そして全面戦争に向けて徴兵・徴用するという政府の決定がなければ存在しなかったであろうこと、そうした事実は、この政府のプログラムへの私たちの協力をいっそう難しくする。私たちの協力は、私たちの根本的な信仰のほとんど裏切り的な否定のようにも見える」(Wittner, *Rebels Against War*, p. 76に引用)

(10) Sibley and Jacob, *Conscription of Conscience*, pp. 42–43.

(11)「人もし汝に一里ゆくことを強ひなば、共に二里ゆけ。汝に請う者にあたへ、借らんとする者を拒むな」。新約聖書マタイ伝5章41節~42節より。あるメノナイトは、彼らの「共に二里ゆく」行為をこう説明している。「法に基づき獲得するというのではなく、[共に二里ゆくというのは]愛に基づきおこなうことで、壊れた仲間意識をも修復させる。圧力をかけて意を通すのではなく、原理原則に基づいて意を表明するのである。個人の権利を主張するのではなく、聖霊やキリストの導きの下にあるときの責任と義務について考えるのである。一里行くことを強いられるならば、無抵抗主義のキリスト教徒はその強制に抵抗することなく、二里ゆく奉仕を自主的におこなう準備をしておくのである」(Sibley and Jacob, *Conscription of Conscience*, p. 310)。したがって、「とりわけメノナイト派の管轄にあった大多数の良心的兵役拒否者たちは、選抜兵役局の規則が不公正であると考えられたときでさえも、抗議することなく、それを受け入れ従っていたのである」(同上、p. 260)。

(12) 同上、p. 43。

(13) Wittner, *Rebels Against War*, pp. 55, 56, 70ff, 82; Sibley and Jacob, *Conscription of Conscience*, pp. 121–22.

(14) "Points in Critical Analysis of the C.P.S. Program," prepared by campers at Los Prietos, C.P.S. #36, 1942, Swarthmore College Peace Collection, ACLU/NCCO, Box 5.

(15) Arthur Dole, "Reflection on Leaving C.P.S.," July 24, 1943, Swarthmore College Peace Collection, Subject File: Conscientious Objection/Objectors, Box 4.

(16) Jim Vicary, "Common Ground for CPS," November 30, 1942, Swarthmore College Peace Collection, Subject File: Conscientious Objection/Objectors, Box 3.

(17) "Statement of John B. Hartman to the Federal Court,"

July 4, 1943, Swarthmore College Peace Collection, WRL, Series A, Box 30.

（18）Wittner, *Rebels Against War*, p. 77に引用。

（19）David Newton, "Why I Can No Longer Cooperate with Conscription," January 18, 1945, Swarthmore College Peace Collection, Subject File: Conscientious Objection/Objectors, Box 4.

（20）Carl Soule, "Reason for Entering and Staying in C.P.S.," Swarthmore College Peace Collection, Subject File: Conscientious Objection/Objectors, Box 4.

（21）同上、p. 2。また、メノナイト中央委員会は以下のように発言したと伝えられている。「民間公共奉仕は、犠牲と収穫を意味する。犠牲というのは、家庭、家族、仕事、そして自分の地域社会での気ままで自由な生活をあきらめなければならないからだ。収穫というのは、こうした犠牲を払い、成長し、この体験を通じてより大きくなれる人たちにとってのことだ。奉仕キャンプにいる多くの人たちは、これをおこなってきた。キャンプでの生活は、彼らにとって多くのものを犠牲にすることである。しかし、犠牲を通じて、多くはキリストとその教えを再確認してきている。（中略）その他の者にとっては、徴用され、キャンプに入れられるという外的な状況は、重い負担となっている。神の愛、犠牲のよろこび、奉仕する熱意といった内的な状態が、公共奉仕の一部である規則、制限、単調な作業の厳しい外的な状況に耐えられるほど十分に強くないからである。こうなったときには、キャンプでの生活は退屈なお決まりの作業となり、『戦争をやり過ごす』場となってしまう」（"Pertinent Questions," Swarthmore College Peace Collection, Subject File: Conscientious Objection/Objectors, Box 4.）ここで言う「神の愛、犠牲のよろこび、奉仕する熱意といった内的な状態」は、多くのメノナイトの良心的兵役拒否者の「徴用されているという外的な状況」への不満を封じ、彼らを「奉仕の動機」につなぎとどめておいたに違いない。また同時に、彼らの「内的な状態」への専心は、より広範な社会責任への視界を曇らせ、よって、心情・信念の倫理の領域に彼らを閉じ込めることになった。

（22）A Statement/Letter by Denny Wilcher, November 13, 1943, Swarthmore College Peace Collection, Subject File: Conscientious Objection/Objectors, Box 3.

（23）Wittner, *Rebels Against War*, p. 77.

（24）A Statement/Letter by Al Orcutt, June 1945,

Swarthmore College Peace Collection, Subject File: Conscientious Objection/Objectors, Box 4.

(25) Arthur Dole, "Reflection on Leaving C.P.S.," July 24, 1945, p. 2, Swarthmore College Peace Collection, Subject File: Conscientious Objection/Objectors, Box 4.

(26) Donald S. Lehman, M.D., "Civilian Public Service: A Conscription of Conscience," May 28, 1945, Swarthmore College Peace Collection, Subject File: Conscientious Objection/Objectors, Box 4.

(27) 同上。

(28) David Newton, "Why I Can No Longer Cooperate with Conscription," January 18, 1945, Swarthmore College Peace Collection, Subject File: Conscientious Objection/Objectors, Box 4.

(29) Donald S. Lehman, M.D., "Civilian Public Service: A Conscription of Conscience," May 28, 1945, Swarthmore College Peace Collection, Subject File: Conscientious Objection/Objectors, Box 4.

(30) 同上。

(31) 同上。

第12章

(1) A Letter to friends by Ernest Allyn Smith, May 2, 1943, Swarthmore College Peace Collection, Subject File: Conscientious Objection/Objectors, Box 3.

(2) 同上。

(3) Homer Nichols, "A Word to My Friends," March 1943, Swarthmore College Peace Collection, Subject File: Conscientious Objection/Objectors, Box 3.

(4) 同上。

(5) A Letter to Francis Biddle, United States Attorney General, December 14, 1942, Swarthmore College Peace Collection, Subject File: Conscientious Objection/Objectors, Box 3.

(6) 同上。

(7) Homer Nichols, "A Word to My Friends," March 1943, Swarthmore College Peace Collection, Subject File: Conscientious Objection/Objectors, Box 3.

(8) R. Boland Brooks, "Statement for the United States District Court for the Southern District of New York," May 22, 1944, Swarthmore College Peace Collection, WRL, Series A, Box 30.

（9）Letter to Gerald Gleeson, U.S. Attorney, Philadelphia, June 25, 1942, Swarthmore College Peace Collection, FOR, Section II, Series A-3, Box 11.

（10）Gara, "My War on War," in Gara and Gara, eds., *A Few Small Candles*, pp. 80–81. また、ガラは、非登録を貫いた神学生たちの影響も語っている。「１９４０年に私は、ユニオン神学校の８人の神学生が公に徴兵登録を拒否したことを聞き、それが私のとる道であると直感した。彼らが徴兵登録していたとしても、神学生は自動的に徴兵からは免除されていただろう。同じように、私が登録を選択していたとしても、ほぼ確実に良心的兵役拒否者の地位が与えられていただろう」（同上、p. 81）

（11）Letter to Gerald Gleeson, U.S. Attorney, Philadelphia, by Larry Gara, June 25, 1942.

（12）Letter to a draft board, January 11, 1942, Swarthmore College Peace Collection, FOR, Section II, Series A-3, Box 11.

（13）Letter to Gerald Gleeson, U.S. Attorney, Philadelphia, June 25, 1942.

（14）"Statement of William L. Richards to the U.S. District Court," February 1942, Swarthmore College Peace Collection, Subject File: Conscientious Objection/Objectors, Box 2, p. 1.

（15）同上、pp. 1–2.

（16）Lawrence Templin, "How the War Changed My Life," in Gara and Gara, eds., *A Few Small Candles*, p. 183.

（17）"Statement of William L. Richards to the U.S. District Court," February 1942, Swarthmore College Peace Collection, Subject File: Conscientious Objection/Objectors, Box 2, p. 2.

（18）R. Alfred Hassler, *Conscripts of Conscience*, pp. 39–40に引用。

（19）Cooney and Michalowski, eds., *The Power of the People*, pp. 110–13.

第Ⅲ部小括

（1）たとえば、Sibley and Jacob, *Conscription of Conscience*, pp. 401–9, 412–16; Wittner, *Rebels Against War*, pp. 84–90を参照。

（2）Peck, *We Who Would Not Kill*, pp. 129–30.

（3）Sibley and Wardlaw, *Conscientious Objectors in Prison, 1940–1945* , pp. 42–48; Sibley and Jacob, *Conscription of Conscience*, pp. 372–76; Wittner, *Rebels Against War*, pp. 87–89. こうした集団ストライキを通じて、後の１９５０年

代、60年代の公民権運動やベトナム反戦運動に影響を及ぼすことになる、非暴力直接行動の力が良心的兵役拒否者たちに認識されていった。Tracy, *Direct Action*; Bennett, *Radical Pacifism*を参照。

（4）Cantine and Rainer, “Introduction” in Cantine and Rainer, eds., *Prison Etiquette*, p. xii.

（5）A letter to A.J. Muste, June 11, 1941, Swarthmore College Peace Collection, FOR, Section II, Series A-3, Box 11.

（6）Tracy, *Direct Action*, pp. 20–35; Wittner, *Rebels Against War*, pp. 66–69.

終章

（1）小宗派の絶対拒否者の行為からいくらかの社会的要素を見出すとするならば、それは、すでに触れたように、彼らは神の命令を字義的にだが忠実に守りつつ、聖書にある人類の普遍的兄弟愛の理念を体現したことであり、また、彼らの無抵抗主義は、自分たちの所属する教会への忠誠の表れであったことである。

（2）Roger Baldwin, “The Individual and the State: The Problem as Presented by the Sentencing of Roger N. Baldwin” (a pamphlet published in November 1918), p. 6.

（3）Ralph DiGia, “My Resistance to World War II,” in Gara and Gara, eds., *A Few Small Candles*, p. 51.

（4）Tracy, *Direct Action*, p. 40.

（5）デイビッド・デリンジャーへの著者のインタビューから。(Montpelier, Vermont, November 2, 2002)

（6）Rawls, *A Theory of Justice*, p. 267.

（7）Christopher Capozzola, “Uncle Sam Wants You: Political Obligation in World War I America” (Ph.D. dissertation, Columbia University, 2002), pp. 116–17. この論文の著者は、コロンビア大学法律大学院院長で後に連邦最高裁の主席判事となったハーラン・ストーンの例を挙げている。第一次大戦時、彼は徴兵委員会の委員の一人であり、絶対拒否者を尋問していた。「ハーラン・フィスク・ストーンもまた、徴兵委員会の尋問で、タダ乗り問題に触れていたようだ。絶対拒否者に対する彼のお好みの問いのひとつは、戦争が始まってから郵便切手を使ったか、であった。彼にしてみれば、それは拒否者が国に貢献せずに、国の福利を享受している確たる証拠であった」（同上、p. 117）。このタダ乗り問題が良心的兵役拒否に適用されてきた歴史は相当に長いと気づかされるのは、こうしたストーンの論理と以下のローマ皇帝ディオクレティアヌスが当時（298 CE）のキリスト教良心的兵役拒否者に対して語ったといわれることばとを並べたときである。「これら哀れでみじめな輩は、ローマ帝国の平和と栄華を享受するも、それを守ることにも拡張することにも指一本動かそうとしない」（Addams, *Peace and Bread in Time of War*, p. 71）

（8）"Science as a Vocation," in Gerth and Mills, eds., *From Max Weber*, p. 151.

（9）バルドウィンの、良心的兵役拒否による兵役法違反の裁判での陳述は、註2の文献にまとめられている。その陳述における彼の戦争抵抗の重要性については、山田朗・師井勇一編『平和創造学への道案内』に収めた拙稿「抵抗と創造――アメリカ良心的兵役拒否者の論理と倫理」を参照。

（10）こうした非暴力直接行動の活動の事例および意義はHouser, *Erasing the Color Line*に詳しい。

（11）阿波根昌鴻『命こそ宝』12頁。

（12）Dellinger, *From Yale to Jail*, p. 225. このデリンジャーの自叙伝は、吉川勇一により『「アメリカ」が知らないアメリカ』として翻訳されている。また、デリンジャーと小田の対談集『「人間の国」へ』が１９９９年に刊行されている。なお、バルドウィンとデリンジャーの日本とのつながりについては、『平和創造学への道案内』の拙稿でも紹介している。

（13）『世界』１９４９年11月号所収。

（14）久野収『平和の論理と戦争の論理』3頁。

（15）同上、8頁。

（16）同上。

（17）スティーブン・カルバーグ『アメリカ民主主義の精神』を参照。

著者
師井勇一（もろい・ゆういち）
明治大学国際日本学部客員教員。専門は、文化・歴史社会学、平和学。主な著作に、『平和創造学への道案内――歴史と現場から未来を拓く』（共編書、法律文化社、2021年）、スティーブン・カルバーグ『アメリカ民主主義の精神――マックス・ウェーバーの政治文化分析』（訳書、法律文化社、2019年）、ラリー・ガラ、レナ・メイ・ガラ編『反戦のともしび――第二次世界大戦に抵抗したアメリカの若者たち』（監訳書、明石書店、2010年）など。

装幀　鈴木衛（東京図鑑）

戦争抵抗の倫理
――大戦期アメリカの良心的戦争拒否者たち

2022年6月15日　第1刷発行

定価はカバーに表示してあります

著　者　師　井　勇　一
発行者　中　川　　　進

〒113-0033　東京都文京区本郷2-27-16
発行所　株式会社　大　月　書　店

印刷　三晃印刷
製本　ブロケード

電話（代表）03-3813-4651　FAX03-3813-4656／振替 00130-7-16387
http://www.otsukishoten.co.jp/

ISBN978-4-272-43106-9　C0010 Printed in Japan

人名・団体名索引

あ 行

か 行

さ　行

た 行

な 行

は　行

ま　行

や　行

ら　行

わ 行

英語・数字

事項索引

あ 行

か 行

さ 行

た　行

な　行

は　行

ま　行

ら　行

わ　行

英語・数字

参考文献

古文書・アーカイブ資料

スワスモア大学ピース・コレクション（ペンシルバニア州スワスモア）
Swarthmore College Peace Collection, Swarthmore, Pennsylvania
Subject File: Conscientious Objection/Objectors.
Document Group 13. Fellowship of Reconciliation [FOR].
Document Group 22. American Civil Liberties Union: National Committee on Conscientious Objectors [ACLU/NCCO].
Document Group 40. War Resisters League [WRL].

刊行物

阿波根昌鴻『命こそ宝――沖縄反戦の心』岩波書店、1992年
阿部知二『良心的兵役拒否の思想』岩波書店、1969年
池上日出夫『アメリカ不服従の伝統――「明白な天命」と反戦』新日本出版社、2008年
イシガオサム『神の平和――兵役拒否をこえて』日本図書センター、1992年
市川ひろみ『兵役拒否の思想――市民的不服従の理念と展開』明石書店、2007年
稲垣真美『兵役を拒否した日本人――灯台社の戦時下抵抗』岩波書店、1972年
―――『良心的兵役拒否の潮流――日本と世界の非戦の系譜』社会批評社、2002年
マックス・ヴェーバー『職業としての政治』脇圭平訳、岩波書店、1980年
内村鑑三『内村鑑三選集2　非戦論』岩波書店、1990年
小田実、デイビッド・デリンジャー『「人間の国」へ――日米・市民の対話』藤原書店、1999年
笠原芳光「日本基督教団成立の問題――宗教統制に対する順応と抵抗」同志社

大学人文科学研究所編『戦時下抵抗の研究――キリスト者・自由主義者の場合』I巻、みすず書房、1968年
ラリー・ガラ、レナ・メイ・ガラ編『反戦のともしび――第二次世界大戦に抵抗したアメリカの若者たち』師井勇一監訳、明石書店、2010年
スティーブン・カルバーグ『アメリカ民主主義の精神――マックス・ウェーバーの政治文化分析』師井勇一訳、法律文化社、2019年
北御門二郎『ある徴兵拒否者の歩み――トルストイに導かれて』みすず書房、2009年
久野収『平和の論理と戦争の論理』岩波書店、1972年
小関隆『徴兵制と良心的兵役拒否――イギリスの第一次世界大戦経験』人文書院、2010年
榊原巌『良心的反戦論者のアナバプティスト的系譜』平凡社、1974年
佐々木陽子編『兵役拒否』青弓社、2004年
デイビッド・デリンジャー『「アメリカ」が知らないアメリカ――反戦・非暴力のわが回想』吉川勇一訳、藤原書店、1997年
同志社大学人文科学研究所編『戦時下抵抗の研究――キリスト者・自由主義者の場合』みすず書房、I巻1968年、II巻1969年
森永玲『「反戦主義者なる事通告申上げます」――反軍を唱えて消えた結核医・末永敏事』花伝社、2017年
師井勇一「抵抗と創造――アメリカ良心的兵役拒否者の論理と倫理」山田朗・師井勇一編『平和創造学への道案内――歴史と現場から未来を拓く』法律文化社、2021年
山田朗・師井勇一編『平和創造学への道案内――歴史と現場から未来を拓く』法律文化社、2021年

Addams, Jane. *Peace and Bread in Time of War*. Urbana, Illinois: University of Illinois Press, 2002.
American Civil Liberties Union. *Conscience and the War: A Report on the Treatment of Conscientious Objectors in World War II*. New York: American Civil Liberties Union, 1943.
Bauman, Zygmunt. *Modernity and the Holocaust*. Ithaca, New York: Cornell

University Press, 2000.

Bennet, Scott H. *Radical Pacifism: The War Resisters League and Gandhian Nonviolence in America, 1915–1963*. Syracuse, NY: Syracuse University Press, 2003.

Berger, Peter and Thomas Luckmann. *The Social Construction of Reality: A Treatise in the Sociology of Knowledge*. New York: Doubleday, 1966.

Brock, Peter. *Pacifism in the United States: From the Colonial Era to the First World War*. Princeton, NJ: Princeton University Press, 1968.

———. *Freedom from Violence: Sectarian Nonresistance from the Middle Ages to the Great War*. Toronto: University of Toronto Press, 1991.

———. *Freedom From War: Nonsectarian Pacifism 1814–1914*. Toronto: University of Toronto Press, 1991.

Brock, Peter and Nigel Young. *Pacifism in the Twentieth Century*. Syracuse: Syracuse University Press, 1999.

Brock, Peter, ed. *Liberty and Conscience: A Documentary History of the Experiences of Conscientious Objectors in America through the Civil War*. New York: Oxford University Press, 2002.

Cantine, Holley and Dachine Rainer, eds. *Prison Etiquette: The Convict's Compendium of Useful Information*. Carbondale, Illinois: Southern Illinois University Press, 2001 [originally published in 1950].

Chafee, Zechariah, Jr. *Free Speech in the United States*. Cambridge, MA: Harvard University Press, 1941.

Chambers, John Whiteclay. "Conscientious Objectors and the American State from Colonial Times to the Present" in Moskos and Chambers, eds. *The New Conscientious Objection: From Sacred to Secular Resistance*. New York: Oxford University Press, 1993.

Chatfield, Charles. *For Peace and Justice: Pacifism in America 1914–1941*. Knoxville: University of Tennessee Press, 1971.

Cooney, Robert and Helen Michalowski, eds. *The Power of the People: Active Nonviolence in the United States*. Culver City, CA: Peace Press, 1977.

Cornell, Julien. *Conscience and the State*. New York: Garland, 1973.

Crespi, Leo P. "Attitudes Toward Conscientious Objectors and Some of Their Psychological Correlates," *Journal of Psychology*, Vol. 18 (July, 1944) : 81-117.

———. "Public Opinion Toward Conscientious Objectors: II. Measurement of National Approval-Disapproval," *Journal of Psychology*, Vol. 19 (April, 1945) : 209-50.

———. "Public Opinion Toward Conscientious Objectors: III. Intensity of Social Rejection in Stereotype and Attitude," *Journal of Psychology*, Vol. 19 (April, 1945) : 251-76.

———. "Public Opinion Toward Conscientious Objectors: IV. Opinion on Significant CO Issues," *Journal of Psychology*, Vol. 19 (April, 1945) : 277-310.

Curti, Merle. *Peace or War: The American Struggle 1636-1936*. New York: Norton, 1936.

Dellinger, David. *From Yale to Jail: The Life Story of a Moral Dissenter*. Marion, South Dakota: Rose Hill Books, 1993.

———. "Why I Refused to Register in the October 1940 Draft and a Little of What It Led To," in Gara and Gara, eds. *A Few Small Candles: War Resisters of World War II Tell Their Stories*. Kent, OH: Kent State University Press, 1999.

Dhlke, H. Otto. "Values and Group Behavior in Two Camps for Conscientious Objectors," *American Journal of Sociology*, Vol. 51, No. 1 (July, 1945) : 22-33.

DiGia, Ralph. "My Resistance to World War II," in Gara and Gara, eds. *A Few Small Candles: War Resisters of World War II Tell Their Stories*. Kent, OH: Kent State University Press, 1999.

Eichel, Julius. *The Judge Said "20 Years": The Story of A Conscientious Objector in World War I*. Yonkers, NY: AMP&R, 1981.

Eller, Cynthia. *Conscientious Objectors and the Second World War: Moral and Religious Arguments in Support of Pacifism*. New York: Praeger, 1991.

Ferrell, Robert H. *Woodrow Wilson and World War I, 1917-1921*. New York: Harper and Row, 1985.

Fromm, Erich. "Revolutionary Character," in *The Dogma of Christ and Other Essays on Religion, Psychology, and Culture*. New York: Henry Holt, 1963.

Gara, Larry. "My War on War," in Gara and Gara, eds. *A Few Small Candles: War Resisters of World War II Tell Their Stories*. Kent, OH: Kent State University Press, 1999.

Gara, Larry and Lenna Mae Gara, eds. *A Few Small Candles: War Resisters of World War II Tell Their Stories*. Kent, OH: Kent State University Press, 1999.

Gory, Adrian E. and David C. McClelland. "Characteristics of Conscientious Objectors in World War II," *Journal of Consulting Psychology*, Vol. 11, No. 5（September-October, 1947）: 245-57.

Gray, Harold. *Character "Bad": The Story of A Conscientious Objector*. New York: Harper and Brothers, 1934.

Hassler, Alfred. *Conscripts of Conscience: The Story of Sixteen Objectors to Conscription*. New York: The Fellowship of Reconciliation, 1942.

Hershberger, Guy Franklin. *War, Peace, and Nonresistance: A Classic Statement of a Mennonite Peace Position in Faith and Practice*. Scottdale, Pennsylvania: Herald Press, 1969.

Houser, George. *Erasing the Color Line*. New York: Followship Publications, 1947.

———. "Reflections of a Religious War Objector（Half a Century Later）," in Gara and Gara, eds. *A Few Small Candles: War Resisters of World War II Tell Their Stories*. Kent, OH: Kent State University Press, 1999.

Hurwitz, Deena and Craig Simpson, eds. *Against the Tide: Pacifist Resistance in the Second World War-An Oral History*. New York: War Resisters League, 1983.

Kalberg, Stephen, ed. *Max Weber: Readings and Commentary on Modernity*. Malden, MA: Blackwell, 2005.

———. *Searching for the Spirit of American Democracy: Max Weber's Analysis of a Unique Political Culture, Past, Present, and Future*. Boulder, CO: Paradigm Publishers, 2014.

Kellogg, Walter. *The Conscientious Objector*. New York: Boni and Liveright, 1919.

King, Martin Luther, Jr. "Letter from Birmingham City Jail," in Lynd, ed. *Nonviolence in America: A Documentary History*. Indianapolis: Bobbs-Merrill, 1966.

Kohn, Stephen M. *Jailed for Peace: The History of American Draft Law Violators, 1658-1985*. New York: Praeger, 1986.

———. *American Political Prisoners: Prosecutions under the Espionage and Sedition Acts*. Westport, CT: Praeger, 1994.

Lynd, Staughton, ed. *Nonviolence in America: A Documentary History*. Indianapolis: Bobbs-Merrill, 1966.

Masland, John W. "Treatment of the Conscientious Objector Under the Selective Service Act of 1940," *The American Political Science Review*, Vol. 36, No. 4（August, 1942）: 697-701.

May, Mark. "The Psychological Examination of Conscientious Objectors." *American Journal of Psychology*, XXXI（April 1920）: 152-65.

Meyer, Ernest. *"Hey! Yellowbacks!": The War Diary of a Conscientious Objector*. New York: John Day, 1930.

Moore, Howard W. *Plowing My Own Furrow*. New York: Norton, 1985.

Moroi, Yuichi. *Ethics of Conviction and Civic Responsibility: Conscientious War Resisters in America During the World Wars*. Lanham, MD: University Press of America, 2008.

———. "Christian Pacifism and War Objection in Early Twentieth-Century Japan," *Peace Review*, Vol. 24, No. 3（August, 2012）: 374-382.

———. "Christian Pacifism and Conscientious Objection in Japan, Part I: Uchimura Kanzo," *Meiji University Global Japanese Studies Review*, Vol. 9, No. 1（March, 2017）: 83-97.

———. "Christian Pacifism and Conscientious Objection in Japan, Part II: Ishiga Osamu," *Meiji University Global Japanese Studies Review*, Vol. 10, No. 1（March. 2018）: 71-83.

Moskos, Charles C. and John Whiteclay Chambers II, eds. *The New Conscientious Objection: From Sacred to Secular Resistance*. New York: Oxford University Press, 1993.

Muste, A.J. "Of Holy Disobedience," in Lynd. ed. *Nonviolence in America: A Documentary History*. Indianapolis: Bobbs-Merrill, 1966.

Naeve, Lowell. *A Field of Broken Stones*. Glen Gardner, NJ: Libertarian Press, 1950.

Peck, Jim. *We Who Would Not Kill*. New York: Lyle Stuart, 1958.

Peterson, H.C. and Gilbert Fite. *Opponents of War, 1917-1918*. Madison: The

University of Wisconsin Press, 1957.

Pringle, Cyrus. *The Record of a Quaker Conscience: Cyrus Pringle's Diary*. New York: Macmillan, 1918.

Rawls, John. *A Theory of Justice*. Cambridge, MA: Harvard University Press, 1971.

Russell, R.R. "Development of Conscientious Objector Recognition in the United States." *George Washington Law Review* 20（1952）: 409-448.

Sareyan, Alex. *The Turning Point: How Men of Conscience Brought about Major Change in the Care of America's Mentally Ill*. Washington, DC: American Psychiatric Press, 1994

Schlissel, Lillian, ed. *Conscience in America: A Documentary History of Conscientious Objection in America, 1757-1967*. New York: E.P. Dutton & Co., 1968.

Schluchter, Wolfgang. "Value-Neutrality and the Ethic of Responsibility," in Guenther Roth and Wolfgang Schluchter, *Max Weber's Vision of History: Ethics and Methods* Berkeley, CA: The University of California Press, 1979, pp. 65-116.

———. *Paradoxes of Modernity: Culture and Conduct in the Theory of Max Weber*. Stanford, CA: Stanford University Press, 1996.

Schoenfeld, Howard. "The Danbury Story," in Cantie and Rainer, eds. *Prison Etiquette: The Convict's Compendium of Useful Information*. Carbondale, Illinois: Southern Illinois University Press, 2001.

Seidenberg, Roderick. "I Refuse to Serve." *The American Mercury*, XXV（January 1932）: 91-99.

Sibley, Mulford Q., and Ada Wardlaw. *Conscientious Objectors in Prison, 1940-1945*. Philadelphia: Pacifist Research Bureau, 1945.

Sibley, Mulford Q., and Philip E. Jacob. *Conscription of Conscience: The American State and the Conscientious Objector, 1940-1947*. Ithaca, New York: Cornell University Press, 1952.

Templin, Lawrence. "How the War Changed My Life," in Gara and Gara, eds. *A Few Small Candles: War Resisters of World War II Tell Their Stories*. Kent, OH: Kent State University Press, 1999.

Thomas, Evan. *The Radical "No": The Correspondence and Writings of Evan Thomas on War*. Ed. Charles Chatfield. New York: Garland, 1974.

Thomas, Norman. *The Conscientious Objector in America*. New York: B.W. Huebsch, 1923.

Thoreau, Henry David. *Walden and Civil Disobedience*. New York: Penguin Group, 1983.

Tocqueville, Alexis de. *Democracy in America*. New York: Vintage, 1945.

Tracy, James. *Direct Action: Radical Pacifism from the Union Eight to the Chicago Seven*. Chicago: University of Chicago Press, 1996.

Twain, Mark. *The War Prayer*. New York: Harper Collins, 2002.

U.S. Secretary of War. *Statement Concerning the Treatment of Conscientious Objectors in the Army*. Washington, D.C.: Government Printing Office, 1919.

U.S. Selective Service System. *Conscientious Objection*. Special Monograph No. 11, Volume I. Washington, D.C.: Government Printing Office, 1950.

Weber, Max. "Politics as a Vocation," in Gerth and Mills, eds. *From Max Weber: Essays in Sociology*. New York: Oxford University Press, 1946.

———. "Religious Rejections of the World and Their Directions," in Gerth and Mills, eds. *From Max Weber: Essays in Sociology*. New York: Oxford University Press, 1946.

———. "Science as a Vocation," in Gerth and Mills, eds. *From Max Weber: Essays in Sociology*. New York: Oxford University Press, 1946.

———. "The Protestant Sects and the Spirit of Capitalism," in Gerth and Mills, eds. *From Max Weber: Essays in Sociology*. New York: Oxford University Press, 1946.

———. *Economy and Society: An Outline of Interpretive Sociology*. Berkeley, California: University of California Press, 1968.

———. "'Churches' and 'Sects' in North America: An Ecclesiastical Socio-Political Sketch." *Sociological Theory* 3:1（Spring 1985）: 7-13.

———. *The Protestant Ethics and the Spirit of Capitalism*. Los Angeles: Roxbury, 2002.

Wittner, Lawrence S. *Rebels Against War: The American Peace Movement*, 1933-1983. Philadelphia: Temple University Press, 1984.

Woolman, John. *The Journal of John Woolman*. Ed. Janet Whitney. Chicago: Henry

Regnery, 1950.
Wright, Edward Needles. *Conscientious Objectors in the Civil War*. Philadelphia: University of Pennsylvania Press, 1931.
Young, Nigel. "War Resistance, State and Society," in Martin Shaw, ed., *War, State and Society*. New York: St. Martin's, 1984.

博士論文

Capozzola, Christopher. "Uncle Sam Wants You: Political Obligation in World War I America." Ph.D. dissertation, Columbia University, 2002.
Wachs, Theodore R. "Conscription, Conscientious Objection, and the Context of American Pacifism, 1940-1945." Ph.D. dissertation, University of Illinois at Urbana-Champaign, 1976.
Zahn, Gordon C. "A Descriptive Study of the Sociological Backgrounds of Conscientious Objectors in Civilian Public Service During World War II." Ph. D. dissertation, Catholic University of America, 1953.